뛰어난 집중력과 빛나는 개성을 소유한 행복한 아이로 키운다

몬테소리 자립교육
×
하버드 식 두뇌계발

이토 미카 지음 | 사이토 메구미 그림
서희경 옮김

만 0~6세까지의 교육이
아이의 미래를
크게 변화시킨다

실천편

소보 LAB

싫어!
이거
할 거야!!

말을 듣지 않는
아이

짜증을
잘 내는 아이

싫어!
싫어!

모이세요~

네~

남을 신경 쓰지 않고
자기 하고 싶은 대로
행동하는 아이

슈웅~

식용유

장난이 심한 아이

꺄르르르르~

3

우리 모두
재능을 가지고
태어났어요!

마음껏 펼치고
싶어요!!

그렇다고
마음대로
하게 두면
응석받이가
되잖아요.

그럴
일은
없어요.

책임감이 강하고 성실한 부모님들은 육아에 정말 최선을 다하려고 노력하기 때문에 쉽게 지칠 수 있습니다.

물론 아이가 우선이지만, 때로는 저도 지쳐요.

아이를 위해서 만든 건데 안 먹겠다고 떼 쓰고

화내는 엄마가 되고 싶지 않은데…

그래도…

〈몬테소리 교육과 하버드 식 두뇌계발〉로 아이의 재능을 빛나게 하는 방법입니다.

자 여기요.

기쁨

감사합니다.

육아에 실천한다면 기쁨과 여유를 되찾을 수 있습니다!!

'지금, 바로 이 순간 아이의 재능을 펼치게 한다!'

아이의 행동 = 재능을 발휘하는 중

이렇게 생각하면 아이의 문제 행동도 이해할 수 있습니다.

자신의 의사를 존중받는 아이는

다양한 분야에서 자신의 재능을 자력으로 발견하고 펼칠 수 있습니다.

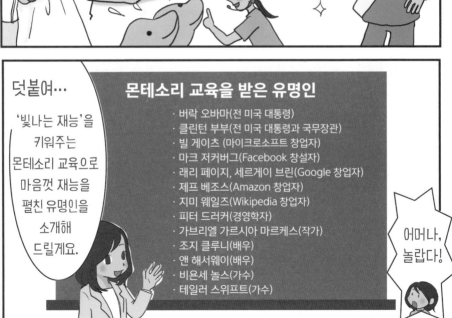

덧붙여…

'빛나는 재능'을 키워주는 몬테소리 교육으로 마음껏 재능을 펼친 유명인을 소개해 드릴게요.

몬테소리 교육을 받은 유명인

· 버락 오바마(전 미국 대통령)
· 클린턴 부부(전 미국 대통령과 국무장관)
· 빌 게이츠 (마이크로소프트 창업자)
· 마크 저커버그(Facebook 창설자)
· 래리 페이지, 세르게이 브린(Google 창업자)
· 제프 베조스(Amazon 창업자)
· 지미 웨일즈(Wikipedia 창업자)
· 피터 드러커(경영학자)
· 가브리엘 가르시아 마르케스(작가)
· 조지 클루니(배우)
· 앤 해서웨이(배우)
· 비욘세 놀스(가수)
· 테일러 스위프트(가수)

어머나, 놀랍다!

9

하긴, 〈몬테소리 교육〉에 대해서는 많이 들어봤어요.

몬테소리 교육의 목적을 한마디로 말하면,

부모의 조력

'자립' 입니다.

성장

자신의 힘으로 자립

일반적인 교육은 주로 교사의 지시와 교육 과정 중심이지만,

일반적인 교육

이걸 할 거예요.

이건 하면 안 돼요.

네~

...

항상 지시를 기다리는 아이

어떻게 하면 좋을까?

몬테소리 교육

이렇게 하면 좋을 것 같아요.

전 이쪽이 좋아요.

이렇게 해봐요.

문제 해결력

발상력

응용력

몬테소리 교육은 아이들이 자발적으로 결정하도록 독려합니다.

자신의 인생에 대해 스스로 생각하고 결정하므로

가수가 될래!

어떻게 하면 될까?

연습? 오디션? 작곡?

어른이 되어서도 다양한 분야에서 활약합니다.

'자립'과 '9가지 지능'을 통합하여 '빛나는 재능을 키워주는 방법'이 탄생했습니다.

몬테소리 교육

하버드 식 두뇌계발

자립 + 9가지 지능 ➡ 빛나는 재능을 키우는 방법

9,000 그룹 이상의 부모와 아이들이 직접 효과를 체감했습니다.

부모님들의 체험담을 잠시 소개해 볼게요.

직장과 육아를 병행하느라 점점 지쳐가던 중에 아이의 재능을 펼치게 하는 방법을 알게 되었습니다. 가정에서 실천한 지 한 달 만에 저와 아이 모두 긍정적인 관계로 나아갔고, 요즘 아이들이 저를 도와주는 모습을 보면서 감동하고 있습니다.

(만 5세, 2세 두 아이의 엄마)

평소 버릇을 잘 들여야 한다는 부담감을 가지고 있었습니다. 처음에는 '이 정도까지 아이의 기분을 존중해 주어야 하나?'라는 의아함이 들었습니다. 하지만 아이의 있는 그대로의 모습을 관찰하다 보니, 성장 과정이었음을 깨닫게 되었고 그 능력이 아이에게 큰 자산이 될 것 같아 기쁩니다.

(만 4세, 2세 두 아이의 엄마)

9가지 지능을 알게 된 후, 아이는 1분 1초도 허투루 보내는 것이 아님을 알게 되었습니다. 의미 없게 보이던 아이의 행동들이 실은 능력 계발 과정임을 깨닫고 나니, 저 역시 성취감을 느낍니다!

(만 3세 아이의 엄마)

육아가 시작되고, 여러 가지 문제에 직면하면서 저의 자기 긍정감도 낮아진 상태였습니다. 빛나는 재능을 키워주는 방법을 통해 저 자신을 대면하는 방법도 익히게 되었습니다. 그러고 나니 남편과 아이와의 관계도 더욱 돈독해졌습니다.

(만 3세 아이의 엄마)

굉장해요!!

CONTENTS

제 1 장

장난이 심한 아이! 말을 듣지 않는 아이!

아이의 행동에 숨겨진 비밀

제2장

만 6세까지의 육아 방식으로 아이의 미래가 달라진다

제 **3** 장

세계로 뻗어 나가 재능을 꽃피우다 '9가지 지능'

제4장

아이의 능력을 끌어내는 8가지 마음가짐

제 5 장

연령별로 알아보는 만 0~6세의 교육 방법

마치며
아이들의 미래가 찬란히 빛나길 바라며

제 **1** 장

아이의 행동에
숨겨진 비밀

아이의 문제 행동 때문에 짜증이 난다

 '부모의 시선'으로 보니까 문제로 보인다

그렇지 않아도 종일 육아로 아등바등하는데, 아이는 엄마 아빠의 고충은 아랑곳하지 않고 장난을 반복하며 도통 말을 듣지 않습니다. "그만하라고 계속 얘기했어!", "안 돼, 그만!"을 온종일 외쳐야 하는 날도 있습니다.

예를 들어, 서랍 속 물건을 죄다 끄집어낸다든지, 밥을 먹지 않고 던지며 장난을 친다든지, 거실 바닥과 벽지에 그림을 그린다든지… 부모의 시선으로는 모두 문제 행동으로 보이지만, 아이의 이런 행동 이면에는 중요한 의미가 담겨 있다는 것을 알고 있으셨나요?

'부모를 골치 아프게 하는 장난을 치는 아이'

'그러면 안 된다고 했음에도 반복하는 아이'

네, 사실 모두 부모의 시선으로 바라본 모습입니다. 당연히, 아이는 부모를 곤란하게 하고 싶어서 일부러 그러는 것이 아닙니다. 단지 지금 자기가 하고 싶은 행동을 솔직하게 하고 있을 뿐입니다. 이는 아이가 성장하고 있다는 신호이기도 합니다. 아이 행동의 메커니즘을 이해하면 아이를 바라보는 시선이 바뀌게 됩니다.

문제 행동 일부러 그러나 싶을 정도로 거실 바닥에 그림을 그리는 아이

아이는 '부모를 곤란하게 하고 있다'고 생각하지 않는다

그림 그리기는 손재주와 감성을 키우는 중요한 행동입니다. 마음껏 그릴 수 있도록 넓은 종이를 마련해주세요.

바닥에 큰 종이를 붙여 주고,

아이가 자유롭게 그리게 한다!

아이가 거실 바닥에 그림을 그리고 있으면, 부모의 시선에선 '문제 행동'으로 보입니다. 하지만 아이는 '지금 이것을 하고 싶다!'고 생각하고 있을 뿐입니다. '지금, 이것을 하고 싶다!'는 것은 '지금, 이 능력을 키우고 싶다!'는 성장의 표현입니다.

바닥에 큰 종이를 붙여서 '아이가 자유롭게 그려도 되는 장소'를 만들어 줍니다. 그런 다음, 아이에게 "여기에서는 실컷 그려도 돼.", "이 안에서는 마음껏 놀아도 돼."라고 말해주고, 자유롭게 그리게 합니다.

엄마 아빠가 짜증이나 화를 내지 않고, 너그럽게 허용할 수 있는 범위와 아이가 최대한 자유롭게 놀 수 있는 방법을 찾는 것이 중요합니다. 그러한 부모의 배려 안에서 아이는 정서적 안정감을 느끼며 마음껏 능력을 발휘할 수 있습니다.

선생님, 알려줘요!

이럴 때는 어떻게 해야 할까요?

20개월 아이의 집중력은 어느 정도일까요? 저희 아들은 집중력이 약한 것 같아요. 좀 집중하고 있나 싶으면 금방 다른 것으로 관심이 옮겨가 버려요.

(20개월, 남아)

＼ Answer ／ 집중할 수 있는 시간은 대략 '나이+1분'

영유아가 집중할 수 있는 시간은 대략 '나이+1분'으로 알려져 있습니다. 짧은 듯 느껴지지만, 아이가 아직 장난감을 가지고 노는 방법을 잘 모른다는 의미이기도 합니다. 우선, 아이가 관심을 가질만한 장난감을 가지고 어른이 다양한 방법으로 재미있게 노는 모습을 계속 보여 주세요. 아이가 그 모습을 지켜보면서 집중력이 점차 높아집니다. 영유아기는 성장 속도가 매우 빠르므로 부모님이 보여주는 놀이 방법 수준을 점점 높여가는 것이 좋습니다.

\ 안 돼! /   \ 그만해! /

부모 입장에서는
당황스러운 행동이지만…

 아이의 입장에서는 '능력을 키우고 싶다!'는 행동이다

부모를 곤란하게 하는 아이 행동의 이면에는 '능력을 더 키우고 싶다!', '능력을 발휘하고 싶다!'는 간절한 바람이 있습니다.

예를 들어, 티슈 상자에서 티슈를 마구 뽑아대는 아이가 있다고 합시다. 대부분의 아이는 튀어나온 물건을 발견하면 잡아당기고 싶어 합니다. '이게 뭘까?'라는 호기심이 넘친다는 증거입니다.

부모를 곤란하게 하는 행동일 수 있지만, 아이는 티슈를 뽑아내는 행동을 통해 '잡아당기는 능력'을 키우고 싶다는 본능을 표출하고 있을 뿐입니다. 눈으로 대상물을 파악하고, 손을 뻗어 잡아당기는 행동은 눈과 손의 협응이 필요한 고도의 동작입니다.

장난감들을 죄다 끄집어내고 방을 온통 어지르면서 노는 이유는 장난감을 잡고 생각대로 움직이고 싶은 본능과 머릿속으로 다양한 상황을 상상하고 공상의 세계에 잠기고 싶은 마음에서 비롯된 행동일 수 있습니다.

문제 행동 장난감을 전부 꺼내서 온 방 안을 어질러 놓는다!

어른의 시선	아이의 마음

 POINT! **다양한 장난감으로 자신의 능력을 시험하고 싶어 한다**

아이는 장난감을 사용해서 상상의 세계를 구현하면서 놉니다.
상상의 세계를 즐기고 있는 아이의 호기심을 제한하지 마세요.

어질러도 되는 범위를 정하고,

원하는 대로 신나게 놀게 한다

아이가 원하는 대로 자유로이 놀게 해주는 것이 중요하다는 것을 알고는 있지만, 매번 정리 담당인 부모로서 지치는 것도 당연합니다. 아이가 어지르고 놀아도 되는 범위를 함께 정하고, 그 안에서는 마음껏 놀 수 있도록 해줍시다. "이 매트 위에서는 원하는 만큼 장난감을 꺼내서 놀아도 괜찮아.", "마음껏 놀아도 돼. 하지만 다 놀고 나면 정리를 꼭 하자." 등으로 범위를 정하는 약속을 해 둡니다. 물론, 처음부터 완벽하게 할 수 있는 아이는 없습니다. '엄마 아빠와의 약속', '허락해 준 행동'을 상기하면서 차근차근 실천하는 과정에서 부모와의 신뢰 관계도 발전하게 됩니다. 부모가 "그러면 안돼!", "이것만 꺼내서 놀아."라며 지시와 요구로 행동을 제한하고 금지한 아이는 에너지가 항상 불완전 연소 상태로 남게 되고, 성장하면서 부모와의 관계가 나빠집니다. 게다가 정서적으로 불안정해질 위험도 있습니다.

이럴 때는 어떻게 해야 할까요?

약속한 놀이 시간을 잘 지켰던 아이가 최근 들어 "싫어! 정하지 마, 더 놀 거야!"라며 놀이 시간을 막무가내로 늘리려고 합니다. 기다려 주려니 저도 점점 피곤해져요……

(34개월, 여아)

\\ Answer // **두뇌가 고도로 발달하고 있다는 증거**

아이들은 나날이 성장하고 있습니다. 아이의 '더 많이 하고 싶다'는 표현은 곧 '의욕의 표현'입니다. 전에는 짧은 시간만 해도 만족할 수 있었지만, 점점 영역을 넓힌 연구를 추구하는 고도의 두뇌 활동으로 발전하는 증거입니다. 만족할 때까지 끝장을 볼 수 있도록 시간을 길게 잡아 줍시다. 놀이 시간을 얼마나 연장하면 좋을지 아이와 의논 하는 것이 좋습니다.

마음을 허락받은 아이는
차근차근 재능을 키워나간다

 능력을 습득하고 나면, 새로운 능력을 키우고 싶어 한다

아이가 하고 싶은 일을 제지하지 말고 마음껏 하게 두라고 하면, 부모로서 '응석받이로 키우는 건 아닐까?', '참을성 없는 아이 되면 어쩌지?', '쉽게 질리는 변덕쟁이가 되는 건 아닐까?' 등의 걱정과 우려가 커집니다.

하지만, 그런 걱정은 안 하셔도 됩니다. 그것보다 아이가 '좋아하는 것을 그만두도록 강요당했다', '매사에 제약을 받았다', '좋아하는 것을 하면 혼났다'고 생각하게 되는 것이 더 큰 문제입니다.

부모로부터 자기가 좋아하는 일을 허락받은 아이는 엄마 아빠를 신뢰합니다. 그리고 정서적 안정감을 토대로 좋아하는 일에 더욱 집중할 수 있게 됩니다.

아이가 원하는 만큼 하게 놔두면, 어느 순간 만족스러운 표정을 짓고는 새로운 놀이로 넘어갑니다. 이는 결코 싫증을 잘 내는 것이 아니라, 아이가 그 행동을 해내고 능력을 최대한 발휘할 수 있었기 때문입니다. 곧이어서 다른 능력을 사용하는 쪽으로 관심이 바뀌기 시작합니다.

문제 행동 좋아하는 대상이 자주 바뀌고, 쉽게 싫증을 내는 것 같다…

부모의 행동 NO!　　　　　　　부모의 행동 OK!

'해냈다'고 느끼면, 다른 능력을 계발하고 싶어 한다

아이의 흥미와 관심 대상은 '이동' 합니다. 아이가 하고 싶은 것이 잇따라 변해도 괜찮습니다! 아이가 하고 싶어 하는 것을 지지해 주세요.

'능력을 키울 거야!', '이거 좋아!'

아이의 마음을 지지해 주자

아이가 하고 싶어 하는 대로 놔둔다고 해서 '이기적인 아이'가 되는 것은 아닙니다. 오히려 아이는 '허락받았다'는 신뢰감을 토대로 자신을 적절히 통제할 수 있게 됩니다.

지켜보는 육아를 실천하면, 아이가 소위 '장난꾸러기'가 될 수도 있지만, 다른 관점에서 보면 에너지가 넘치고, 하고 싶은 일에 차례로 도전하는 아이로 성장하게 됩니다. 영유아기에 충분히 계발한 능력은 성장한 후에 강점으로 발현됩니다.

어린 시절에 '부모의 인정을 받고 자란 아이'는 내실있는 어른으로 성장하여 주변 사람들과의 관계가 좋고, 내적으로도 안정된 정서를 유지합니다. 단, 엄마 아빠도 무조건 참지 말고, 원하는 바를 아이에게 미리 전달하는 것이 중요합니다.

이럴 때는 어떻게 해야 할까요?

> 저희 아이는 항상 같은 놀이만 합니다. 혹시 상상력이 부족한 것은 아닌지 불안하네요. 그대로 둬도 괜찮은 걸까요?
>
> (만 3세, 남아)

\\ Answer // **AI 시대에 뒤처지지 않을 발상력과 상상력을 키우자!**

아이의 상상력은 경험을 통해 성장합니다. 다양한 경험이 놀이를 발전시킵니다. 만약에 놀이 패턴이 일정하다면, 부모님이 나서서 "오늘은 이 장난감으로 이렇게 놀아보자."라고 권하며 평소와 다르게 노는 방법을 보여주세요. 부모와 자녀가 함께 '남다르게 노는 방법'을 연구하다 보면, 장차 AI 시대를 주도할 능력인 발상력과 상상력 계발로 이어질 것입니다.

부모도 육아를 즐기고
편안함을 느끼게 된다

 아이의 장난을 긍정적으로 바라보자!

아이가 하고 싶은 것을 느긋하게 하게 놔두는 것의 이점은 아이에게만 해당하는 것이 아닙니다. 사실 아이를 바라보는 관점이 바뀌면 부모 자신도 마음이 편안해집니다.

부모의 시선에서 예전에는 '문제'로 보였던 아이 행동이 실제로는 '아이가 성장하고 있는 순간'임을 이해하게 되면 초조함과 불안감이 사라집니다. '그래, 먼저 아이가 원하는 대로 하게 두고 지켜보자'는 여유가 생기기 때문입니다.

오히려 장난에 열중하고 있는 아이 모습에 '저렇게 집중하면서 스스로 능력과 재능을 키워가고 있구나!'라며 긍정적으로 이해할 수 있게 됩니다.

아이에 대한 관점이 180도로 바뀌면, '지금까지 아이에게 왜 화를 냈을까?', '나는 무엇을 불안해했던 걸까?'라고 생각하게 되고 정서가 안정되면서 육아의 즐거움을 누릴 수 있게 됩니다.

문제 행동 좋아하는 대상이 자주 바뀌고, 쉽게 싫증을 내는 것 같다…

부모의 행동 NO!

부모의 행동 OK!

아이는 지금, 이 순간 성장하고 있는 중!

아이가 놀이에 빠져 있는 모습을 보며, 굉장한 집중력을 발휘하고 있다고
생각하면 마음이 편해질 것입니다.

부모는 자녀의 재능 계발을 돕는

'가장 위대한 존재' 이다!

부모와 자녀는 시간 감각이 서로 다릅니다. 어린 시절을 떠올려 봅시다. 밖에서 즐겁게 놀다 보면, 어느새 주위가 어두워져 있었던 경험이 있을 것입니다. 무언가에 몰두하고 있는 아이는 너무 집중한 나머지 시간의 흐름을 잊을 수 있습니다.

"엄마 바쁜데, 언제까지 놀 거야!", "아빠 할 일이 많아서 빨리 가야 해!"라며 초조하게 말할 것 같으면, 잠시 호흡을 고르고 한 타임 쉬어봅시다. '아이는 지금 자기 나름대로 생각을 하고 행동하고 있어', '아이가 마음껏 재능을 키우도록 기다려 주는 게, 내 용무보다 더 중요하지 않을까?'라며 긍정적으로 생각해 보세요. 그러면 무엇보다 부모 자신이 편안해지고 심적 여유가 생깁니다. 그 여유가 아이를 응원하며 집중할 수 있는 놀이를 적극적으로 찾아주는 긍정적인 변화로 이어집니다.

이럴 때는 어떻게 해야 할까요?

저희 아이는 뭔가 뜻대로 되지 않으면 일부러 전기 코드를 꽂거나, 접시를 뒤집는 등의 위험한 행동을 합니다. 그만두게 하고 싶은데, 어떻게 해야 할까요?

(24개월, 남아)

\\ Answer // **부모가 싫어하는 행동을 하는 것은 '욕구불만'의 표현이다**

아이들은 자기 뜻대로 되지 않을 때, 욕구불만이 되어 자극을 원하게 됩니다. 부모의 '그만해!'라는 식의 반응이 바로 자극입니다. 욕구불만을 해소하려고 일부러 부모님이 싫어하는 일을 하는 것이죠. 전기 코드를 만지려고 할 때 과민 반응하지 말고, 냉정하게 행동을 억제하면서 아이가 흥미를 느낄만한 놀이로 유도합니다. 또한 아이 뜻대로 되지 않은 원인이 무엇인지 관찰하고, 답답해하는 부분을 해결할 수 있도록 도와주세요.

어른을 황당하게 하는 장난꾸러기들은 항상 생기가 넘친다!

 아이들은 누구나 반드시 '재능'을 가지고 있다

　유치원이나 어린이집에서의 단체 활동을 힘들어하는 아이, 다른 사람을 신경 쓰지 않고 자기 하고 싶은 대로 행동하는 아이, 짜증을 자주 내는 아이, 공상에 빠져 종종 멍하게 있는 아이, 이런 아이들은 '불확실한 발달의 중간 지대'에 속해 있는 것 같은 느낌이지요.

　지금까지 2만여 명의 아이들을 직접 관찰한 저의 경험에 따르면, 마치 프레임에서 벗어난 듯한 아이들은 사실 '재능 덩어리'입니다. 이런 유형의 아이들을 '문제 아이'로 규정하지 않고, '아이가 재능을 키우도록 돕는다'는 마음으로 믿고 기다리면, 아이는 반드시 변화합니다.

　관점을 한번 바꿔 볼까요? '아이의 행동이 늦다'는 '집중력이 높다'로, '멍하게 있다'는 '상상력이 풍부하다'로 인정해 봅시다. 우리 아이들은 누구나 자신만의 재능을 가지고 있고, 재능을 키울 힘이 있습니다. 그 싹을 잘라 버릴지, 펼치게 도울지는 부모에게 달려 있습니다. 아이가 마음껏 재능을 펼치도록 힘껏 도와주면 어떨까요?

문제 행동 남을 신경 쓰지 않고, 자기가 하고 싶은 대로 안 되면 짜증을 내는 아이!

부모의 시선	아이의 마음

아이의 행동을 꾸짖지 말고, 관점을 바꾸자!

아이가 정말로 하고 싶은 것이 무엇인지, 어떤 생각에서 비롯된 행동인지 아이 입장에서 생각해 봅시다.

아이의 속도에 동조해주면

아이는 놀랄 만큼 침착해진다!

남을 신경 쓰지 않고 자기만의 속도로 행동하는 아이를 재촉하지 않고, 믿고 기다리는 것은 인내심을 동반하는 일입니다. 부모는 부모대로 매일 해야 할 일이 많지요. 저 역시 세 명의 아이들을 키운 경험이 있어서 충분히 이해합니다.

아이 입장에서는 '엄마 아빠가 나를 믿고 기다려 줬어'가 곧 '엄마 아빠는 나를 인정해 줬어'라는 소중한 경험으로 안착합니다. 인정받는 경험을 거듭한 아이는 서서히 스스로 변해갑니다. 조금 시간이 걸릴지라도 부모와 신뢰가 쌓이고 마음이 안정되어 솔직하고 평온한 아이가 됩니다. 혼나고 부정당한 아이는 자신감을 잃게 되어 본래 가지고 있던 재능을 발휘하지 못할 수 있습니다. '하고 싶은 것을 해낸 만족감'을 충분히 맛보면서 자란 아이는 머지 않아 단번에 능력을 개화시킵니다.

선생님, 알려줘요!

이럴 때는 어떻게 해야 할까요?

둘째가 태어난 후, 큰아이가 갑자기 고집불통으로 변했습니다. 바깥 놀이 중에 작은아이가 울기 시작하여 집에 돌아가자고 하면, 고집을 부리며 절대 응해주지 않습니다.

(만 3세 여아, 6개월 여아)

＼ Answer ／ 바깥 놀이를 마칠 시간을 미리 알려준다!

동생이 생기면 큰아이 입장에서는 참아야 할 일이 많아집니다. 물론 어쩔 수 없지만, 큰아이는 참아내고 있는 자기의 마음을 엄마가 알아주길 바랍니다. 큰아이와 엄마가 단둘이 여유롭게 보낼 수 있는 시간을 의도적으로 만들고, '고맙다', '항상 사랑한다'는 말로 아이의 마음을 충족 시켜 주십시오. 아이의 서운하고 불안한 마음이 가라앉으며 정서적으로 안정되어 갑니다. 덧붙여 큰아이에게 바깥 놀이를 끝내야 할 시간을 예고해 줍시다.

제 **2** 장

자립심과 집중력을
확실히 키워주는 몬테소리 교육

만 6세까지의 육아 방식으로
아이의 미래가 달라진다

자기 주도적으로 사고하고
자기 인생을 스스로 선택할 수 있는 아이

! 지시를 기다리는 아이가 아닌, 스스로 결정하는 아이로 성장한다

이 책의 주제인 몬테소리 교육은 이탈리아 최초의 여의사 마리아 몬테소리[Maria Tecla Artemisia Montessori]에 의해 개발되어 전 세계로 보급되었습니다.

'아이들은 자신을 성장시키고 발달시킬 능력을 가지고 태어난다. 성인인 부모와 교사는 아이들의 성장 요구를 수용하고 자유를 보장하며, 아이들의 자발적 활동을 지원하는 역할에 충실해야 한다'는 교육 이념을 기본으로 하고 있습니다.

표현이 조금 어려울 수 있지만, 저는 이렇게 해석합니다. 몬테소리 교육의 근본은 '아이의 자립이며, 부모는 아이 곁에서 지켜봐 주는 존재이다. 결코 아이를 도와주고 보살펴 주는 존재가 아닌, 아이의 능력을 끌어내는 존재이다'입니다.

어른의 말에 순순히 따르는 아이, 지시를 기다리는 아이가 아닌, '스스로 생각하고 인생을 선택할 수 있는 아이'로 성장할 수 있어야 합니다.

먼저, 가정에서 아이를 대하는 방식에 변화를 시도해 봅시다.

문제 행동 '도와주기'보다 '지켜보기'로 아이를 성장시키자

부모의 행동 NO!

부모의 행동 OK!

POINT!

아이가 항상 부모의 보살핌을 원하는 것은 아니다
'무엇이든 해낼 수 있는 존재'라는 시선으로 아이를 바라보면, 아이는 정말
그렇게 됩니다!

자녀의 능력을 끌어내기로

결정하는 순간, 육아는 즐거워진다

몬테소리 교육의 특징은 아이들의 자립심을 키우는 것입니다. 몬테소리 교육 이념을 실천하는 보육 시설에서는 아이들을 자유롭게 해주는 환경이 조성되어 있습니다. 일반 유치원처럼 '이거 해보자', '저건 하면 안 돼요'라며 교사가 활동 방향을 정하지 않습니다. 몬테소리 교육을 받은 아이는 자기가 할 일을 자신의 의지로 결정합니다.

몬테소리 교육 이념을 가정에도 적용할 수 있습니다. 안전이 확보되고, 부모가 지켜봐 주는 가정환경에서 자란 아이는 자신이 원하는 능력을 마음껏 키울 수 있습니다. 그렇게 자기 주도적으로 사고하고 행동하는 어른으로 성장하여 사회에 진출했을 때도 소위 '지시 대기형'이 아닌, 스스로 가치관을 정립하고 새로운 일을 주도하는 '창조적 인재형'으로 활약하게 됩니다.

선생님, 알려줘요!

이럴 때는 어떻게 해야 할까요?

제가 아이에게 장난감 사용법을 알려주려고 '이거 봐 봐'라며 시범을 보이면 아이는 보는 둥 마는 둥 합니다. 결국 아이가 잘하지 못해서 제가 한 번 더 보여주려고 가져가면 펑펑 울어버려요.

(31개월, 남아)

Answer ✔ 누구나 '~하게 만드는' 강제 상황을 싫어한다

아이든 어른이든 상관없이 누구나 '~하게 만드는' 강제 상황을 싫어합니다. 시범을 보인다며 집중을 강제하지 말고, 아이는 다른 놀이를 해도 괜찮으니, 엄마 아빠가 옆에서 즐겁게 노는 모습을 보여주세요. 그저 보여주기만 해도 아이는 자연스럽게 놀이법을 습득할 수 있습니다. 잘 안 되면 아이가 스스로 도움을 청하러 옵니다. 그때는 곤란해하는 것만 도와줍시다.

만 0~3세의 뇌는 '모든 것'을 흡수한다

 ## 만 3세까지 다양한 자극을 제공한다

어릴 때부터 놀이를 통해 다양한 경험을 하는 것이 뇌 과학적으로도 유익하다고 증명되었습니다. 아기는 대뇌에 140억 개의 신경세포를 가지고 태어납니다. 신경세포는 새로운 것을 배우고 경험할 때마다 자극을 받아 연결되고, 새로운 네트워크를 생성하도록 프로그램되어 있습니다.

신경세포가 많이 연결될수록 뇌 기능을 효율적으로 사용할 수 있습니다. 하지만, 뇌 과학적으로 만 3세를 지날 무렵부터는 자극을 받아도 신경세포가 연결되기 어려워진다고 합니다. 따라서 만 3세까지 모든 분야의 신경세포를 자극해 주면 많은 네트워크를 만들 수 있습니다. 신경세포 네트워크 기반이 탄탄하면 미래의 역량으로 이어지게 됩니다.

이미 만 3세가 지났어도 실망하지 마세요. 초등학교 입학 전까지 다양한 경험을 축적해두면 충분히 회복할 수 있습니다.

문제 행동 말 못 하는 아기도 자기 의사가 있다!

부모의 시선   아이의 마음

'아이 마음의 소리'에 귀를 기울이자!
아직 언어로 표현하지 못할 뿐, 아이는 하고 싶은 것과 하기 싫은 것에 대한
신호를 보냅니다. 잘 관찰해보세요.

말 못하는 아기라도

많은 것을 알고 있다

'아기는 졸리면 자고, 배고프면 먹고, 불편하면 운다. 어른들이 무슨 말을 하는지 어차피 알아듣지 못한다'고 생각하고 있다면 매우 큰 오산입니다! 예를 들어, 아기에게 몇 개의 장난감을 보여주면 관심 있는 쪽으로 손을 뻗습니다. 보고, 들을 수 있고 엄마 아빠의 말도 잘 이해하고 있습니다.

특히, 만 0~3세까지는 오감으로 경험하는 모든 것을 온몸으로 흡수하는 시기입니다. 보여 줘도 잘 모르고, 말해도 잘 알아듣지 못한다고 생각하지 말고 다양한 경험을 제공해 주세요. 말을 못 할 뿐, 머릿속에서는 신경세포들이 맹렬한 속도로 연결되고 있습니다. 즉, 몰랑몰랑한 머릿속에 대량의 정보를 입력하고 있는 것입니다. 이 시기에 그냥 얌전히 눕혀만 놓고 아무 자극도 주지 않으면, 성장 능력도 잠든 상태가 되어 버립니다.

선생님, 알려줘요!

이럴 때는 어떻게 해야 할까요?

아이가 '아니, 아니' 시기인 것 같습니다. 울고불고 '아니, 아니!'를 외칩니다. 기분을 맞춰주려고 노력해도, 진정될 때까지 가만히 기다려줘도 계속 울기만 합니다. 해야 할 일은 쌓여 있는데, 아이가 '아니, 아니!'를 외치는 순간 정말 아무것도 할 수가 없습니다.

(30개월, 여아)

\\ Answer // '아니, 아니' 시기에는 자제심을 키워야 한다

자기 마음을 스스로 다스리는 것도 자제심을 키우기 위해 중요합니다. 기분을 맞춰 주려고 노력해도 울음을 멈추지 않는다면, 아이에게 "울음이 멈추면 그때 엄마한테 와."라고 말하고, 엄마는 해야 할 일을 진행합니다. 아이가 스스로 울음을 그치고 엄마에게 오면, "울음을 그쳤구나!"라며 칭찬하고 아이가 좋아하는 놀이나 맛있는 음식으로 기분을 전환하도록 도와줍시다.

가장 중요한 두뇌 성장기에 부모가 제공할 수 있는 선물

 인격과 인생의 토대가 만들어지는 중요한 시기, '민감기'

아이의 성장 과정에서 '이 시기에는 이런 능력이 발달한다'라는 적령기가 있습니다. 몬테소리 교육에서는 이 시기를 '민감기'라고 정의합니다. 만 6세까지가 연령상 중요한 시기이며 특히, 만 0~3세는 장래의 인격과 인생의 토대가 만들어지는 발달의 민감기로서 가장 중요합니다. 바로 전에 다룬, 두뇌 신경세포 네트워크가 연결되는 시기와도 겹칩니다.

민감기는 네덜란드의 생물학자 드 프리스[Hugo Marie de Vries]가 유충의 민감한 시기를 발견하면서 최초로 사용한 말입니다. 생물이 원래 가지고 태어난 능력을 발휘하는 '어느 한정된 시기'를 가리킵니다.

몬테소리 교육에서는 이 민감기가 인간에게도 적용된다고 생각합니다. 즉, 아기에게는 타고난 능력을 발휘하기 위한 적절한 시기가 입력되어 있다는 것입니다.

민감기에 아이가 본래 가지고 있던 능력을 끌어내고, 늘리기 위해서는 '놀이, 운동, 소통'이 필요합니다.

문제 행동 아이는 단지 '즐거움'을 찾고 싶을 뿐이다!

아이의 '장난', 그 이유에 대해서도 생각해 본다
아이의 장난 이면에는, '시도하고 싶다', '놀고 싶다'는 마음이 내재하고 있습니다.

더 놀고 싶어서 운다면

기저귀를 갈아줬다

낮잠을 재웠다

수유를 했다

안아줬다

그런데도 아기가 '우는' 이유는?

놀고 싶었던 거구나 …♡

이것도 저것도 해보고 싶어!

더 많이 놀고 싶었기 때문입니다!!

능력을 시험하고 싶은 시기!

아기들은 '놀이'와 '장난감'으로 자신의 능력을 발전시키고 싶어 합니다. 아기가 우는 원인은 주로 배고픔, 졸림, 배변 등의 생리적 욕구 때문이며, 외로움이 싫어서 운다고도 합니다. 그런데 생리적인 불편함이 없고, 혼자 있지도 않고, 안아서 달래주고 있는데도 울음을 그치지 않아서 곤란할 때가 많지요.

사실, 아기는 '더 놀고 싶다(능력을 키우고 싶다)'는 이유로 우는 경우가 많습니다. 장난감을 빼앗긴 아기가 울음을 터트리는 이유는 '장난감에 몰입해서 능력을 키우고 싶다!'고 생각하고 있었는데, 갑자기 그 기회를 박탈당했기 때문입니다. 실제로 원인 모를 이유로 울고 있는 아기에게 장난감을 주면 금방 울음을 그치고 집중하는 경우가 많습니다. 아기가 울면 바로 안아주기 전에 '놀고 싶은가?'라는 가능성도 생각해 봅시다.

이럴 때는 어떻게 해야 할까요?

요즘 부쩍 아이가 갑자기 큰 소리를 내 거나, 고음으로 '꺅!' 소리를 지르는 일이 많습니다. 매장이나 전철 안에서 갑자기 소리를 지르니, 주변 시선이 걱정됩니다.

(9개월, 남아)

Answer // '감정을 전환'하도록 유도한다

아이의 청력이 발달하는 시기입니다. 자신이 목소리를 내고 인식할 수 있다는 사실 자체를 즐기고 있는 것입니다. 상점과 병원 등 공공장소에서는 실내에 들어가기 전에 "여기서부터는 조용히 해야 해."라고 알려주고 감정을 전환 하도록 유도합니다. 그리고 아이가 안에서 큰 소리를 낼 때마다 '쉿~'이라고 전합니다. 조용한 목소리로 담담하게 말하면 효과가 있을 것입니다.

인생의 토대가 되는 다양한 능력도
만 6세까지 정해진다

 모든 능력의 토대는 영유아 시기에 습득된다

만 6세까지 여러 가지 자극을 주고 많은 경험을 제공하면, 다양한 능력이 발달하게 됩니다.

운동 능력을 예로 들면, 아기는 태어난 순간부터 팔다리를 버둥거리거나 손가락을 움직이며 신체 운동 능력을 습득해 갑니다. 특히 손가락은 제2의 뇌라고 하지요. 많이 사용할수록 뇌가 자극되어 신경 네트워크가 확장되고, 다양한 두뇌 영역이 능력을 발휘하게 됩니다. 또한, 오감이 눈부실 정도로 발달하는 시기입니다. 오감을 많이 자극하면 감수성과 표현력이 풍부한 어른으로 성장합니다.

어른들이 아기에게 항상 적극적으로 말을 걸어주면 언어 능력이 현저하게 향상됩니다. 이 외에도 논리적 사고력, 공간 지각력, 의사소통 능력 등 미래를 살아가는데 근간이 될 능력은 모두 이 시기에 습득하게 됩니다.

문제 행동　만 0~6세 시기를 놓치면 안 된다!

경험이 능력의 차이로 이어진다.
위험하고, 정리하기 힘들다는 이유로 아이의 욕구를 계속 금지하면, 이후에
그 능력을 습득하기 매우 힘들어집니다.

'해냈다!' 가 축적되어 아이의

'확실한 자신감'으로 이어진다!

요즈음 많은 부모님이 아이의 안전을 가장 중요하게 생각한 나머지 습관적으로 아이 행동에 제동을 걸곤 합니다. 물론, 그 걱정은 잘 압니다. 정말 위험한 것은 절대 안 되지만, 부모가 주시하고 있는 안전한 환경에서는 다양한 경험을 허용하는 것이 아이의 능력을 키우는 데 매우 중요합니다.

만 0~6세까지는 능력이 눈부시게 발달하는 시기인데, 그 기회를 박탈해 버리면 능력을 키울 시기를 놓치게 만드는 것과 같습니다. 단, 아이의 성장 속도에 지나치게 집착하지 않는 것이 중요합니다. 아이들의 성장 속도에는 개인차가 있습니다. 성장이 더딘 듯했으나 어느 순간 부쩍 성장해, 눈부시게 활약하는 아이도 많습니다. 다른 아이와 비교하거나 서두르지 말고, 자녀의 발달과 성장에 적합한 경험을 다양하게 제공해 주어야 합니다. '해냈다!'는 경험을 충분히 축적해야, 확실한 자신감으로 이어지기 때문입니다.

이럴 때는 어떻게 해야 할까요?

저희 아이는 뭔가 잘 안되면, 그 즉시 짜증을 내며 울음을 터뜨리고 그만둬버립니다. 그래서 어쩔 수 없이 제가 대신해주게 됩니다. 어떻게 하면 아이에게 인내심을 키워줄 수 있을까요?

(28개월, 남아)

\\ Answer // **문제를 해결할 수 있는 아이가 되려면…**

아이들은 '스스로 할 수 있게 되고 싶다'고 생각합니다. 그래서 생각대로 안 되는 현실이 슬픈 것입니다. 걸림돌이 되는 부분을 찾아봐 주세요. 대부분의 경우, 사소한 부분에서 막혀 할 수 없었을 것입니다. 그 부분만 어떻게 하면 되는지 가르쳐 줍시다. '어떻게 하면 될지'를 지원해 주면, '문제를 해결할 수 있는 아이'가 될 것입니다.

'집중력'의 비밀

 아이가 집중 상태일 때는 '입술을 쭉 내밀고 있다'

'자녀의 능력을 키워주는 것'의 중요함을 이야기해 왔습니다만, '아이의 능력이 향상하는 순간은 언제일까?', '능력이 향상하고 있는지, 부모가 아는 방법이 있을까?'라는 궁금증이 생길 것입니다.

아이가 능력을 흡수하고 키우고 있는 순간을 알 수 있는 힌트가 있습니다. 바로 '아이가 놀이에 몰입해 집중하고 있는 순간'입니다.

아이가 놀이에 열중하고 있는지는 표정으로 금방 알 수 있습니다. 아이가 입술을 쭉 내밀고 있거나, 열중한 나머지 입이 벌어지고 침이 흘러도 알아채지 못하는 순간입니다. 아이가 무언가에 골똘히 빠져 있는 순간, 얼굴을 보면 이런 모습을 볼 수 있을 것입니다.

매사에 산만하고 침착하지 못한 아이, 금방 짜증을 내는 아이도 어느 순간 입술을 쭉 내밀고 조용히 정신을 집중하여 한 가지 일을 반복하는 모습을 볼 수 있습니다. 영유아기 때부터 이러한 몰입의 경험을 반복하다 보면 집중력이 몸에 배게 됩니다.

문제 행동　놀이를 통해 '집중력'을 키울 수 있다!

부모의 행동 NO! **부모의 행동 OK!**

아이가 집중하고 있을 때는 그저 묵묵히 지켜본다

같은 행동을 반복하는 아이를 보면, 부모는 왠지 말을 걸고 싶어집니다.
하지만 아이가 집중하고 있으면 방해하지 않는 것이 철칙입니다!

아이가 충분히 만족해야

아이가 집중할 때, 두뇌 속에서는 신경 네트워크가 연결되는 중입니다.

능력도 향상된다!

아이가 골똘히 집중하고 있는 모습을 보면, 괜스레 참견하고 싶어지지요? 그러나 집중하고 있을 때 말을 걸면, 아이의 집중력은 '뚝' 끊어져 버립니다.

아이가 말로는 표현을 못 하지만, 마음속으로는 '왜 지금 말을 거는 거야? 모처럼 집중하고 있었는데, 스위치가 꺼져버렸어'라고 생각합니다. 무아지경 상태에 푹 빠져있다가, 갑자기 현실로 끌려온 느낌이랄까요?

한 번 꺼진 스위치를 다시 켜기는 쉽지 않습니다.

부모는 '같은 놀이만 계속하면 질리진 않을까? 다양한 놀이를 경험하는 것이 좋지 않을까?'라는 생각에 말을 걸고 싶을 수 있지만, 아이가 흡족해 하며 집중 상태에서 스스로 벗어날 때까지 묵묵히 지켜보는 것이 좋습니다.

이럴 때는 어떻게 해야 할까요?

오빠가 놀고 있으면 항상 동생이 다가가 장난감을 빼앗습니다. 빌려 달라고 말은 하지만, 반복해서 방해를 받은 오빠도 곧 화를 내 버립니다. 엄마로서 두 아이의 마음을 다 이해하기 때문에 고민입니다.

(만 4세 남아, 32개월 여아)

\\ Answer // **두 아이의 마음을 모두 이해해준다**

오빠가 놀고 있는 장난감은 여동생에게 매우 매력적으로 보입니다. 오빠가 놀이 방법을 보여주고 있기 때문입니다. 반면, 마음껏 놀고 싶었던 오빠의 마음도 소중하지요. 이때는 부모가 개입해도 괜찮습니다. 두 아이의 마음을 대변해서 설명해 줍시다. 혼자 놀고 싶은 장난감과 양보해도 괜찮은 장난감이 무엇인지 함께 생각하고, 가능한 한 아이들이 해결책을 생각하도록 유도합니다. 서로의 마음을 이해하도록 도와주는 것이 중요합니다.

집중력에 필요한 '플로우'란?

 어릴 때 '플로우 상태'를 많이 경험하는 것이 중요하다

아이가 장난감을 가지고 노는 데 몰두해 있으면, 주변 소음이나 엄마 아빠의 말이 들리지 않는 듯이 진지한 표정으로 놀이에만 집중합니다. 이러한 상태를 아이가 '플로우 상태에 있다'고 말합니다.

'플로우(Flow)'는 심리학 교수 미하이 칙센트미하이Mihaly Csikszentmihalyi 에 의해 제창된 이론으로 '어떤 행위에 깊게 몰입하여 시간, 주변, 자기 생각도 의식하지 못한 채 완전히 빠져있는 상태'를 말합니다.

아이들이 제대로 집중하고 있을 때는 입술을 쭉 내밀고 있거나, 침이 흘러나와도 알아채지 못하고 몰두하는 것을 볼 수 있습니다. 이러한 플로우 상태는 앞서 말한 민감기에 자주 볼 수 있는 현상입니다. 아이의 재능을 최대한 끌어내려면, 영유아기에 '플로우 상태'를 충분히 경험하는 것이 중요합니다.

영유아기부터 플로우 상태를 많이 경험하면 스위치 전환이 능숙해집니다. '이때다!' 싶은 순간에 바로 스위치를 켜고 높은 집중력을 발휘하는 능력을 소유하게 되는 것이지요.

문제 행동 아이의 '플로우 상태'를 방해하지 말 것!

집중하고 있을 때는 '칭찬'도 필요 없다!

아이가 무언가에 빠져 집중하고 있을 때는 굳이 칭찬할 필요가 없습니다.
따뜻한 시선으로 지켜봐 주기만 하면 됩니다.

'플로우 상태'를 경험한 횟수가

플로우 상태를 많이
경험한 아이는

집중!

집중이 필요한 순간,

스위치 ON

바로
'플로우 상태'에 들어갈
수 있다.

재능을 끌어내는 원동력이 된다!

아기가 장난감을 가지고 노는 것에 몰두하면, 플로우 상태에 들어가 만족스럽게 놀이를 완료할 수 있습니다. 그 과정에서 수많은 뇌 신경세포들이 연결됩니다. 이러한 경험이 '해냈다!'는 자신감이 되고, 앞으로 새로운 일에 도전하는 힘이 됩니다.

반대로 놀이가 어중간하고 플로우 상태에 들어가지 못하면, '해냈다!'는 자신감을 얻을 수 없고, 성공 경험도 생기지 않습니다.

영유아기부터 플로우 상태를 충분히 경험해 온 아이는 엄청난 집중력을 발휘하여 긴급한 상황에서도 성과를 낼 수 있습니다. 예를 들면, 시험이나 대회, 경기에 임하는 순간에도 뛰어난 집중력을 발휘해 좋은 결과를 내고, 예체능이나 인문사회, 자연과학 등 새로운 분야를 시작할 때도 두려워하지 않고 높은 성과를 낼 수 있습니다.

선생님, 알려줘요!

이럴 때는 어떻게 해야 할까요?

> 저희 아이는 유독 실패를 두려워하는 것 같아요. 매사에 소극적이며 새로운 경험을 싫어하고 거부합니다. 또래 아이들이 새로운 환경에 바로 적응하고 즐기는 모습을 보면 엄마 입장에서 왠지 부러워요.
>
> (만 5세 남아)

\\ Answer // **부모는 다정하게 지켜보는 역할만으로도 충분하다**

실제로 참여하지 않고 보기만 해도 학습 효과는 충분합니다. 머릿속으로는 자신이 함께 참여하고 있는 것처럼 상상하며 즐기고 있는 것입니다. 지금의 시기를 '이대로도 괜찮아, 언젠가는 반드시 적극적으로 참여하게 될 거야'라는 마음으로 안심하고 지켜보면, 어느 순간부터 아이가 적극적으로 행동하기 시작할 것입니다.

'성취감'이 중요해!

5단계를 거쳐 '플로우'에 진입한다!

아이가 플로우 상태를 경험하려면 다음의 5단계를 거쳐야 합니다.

1단계

하고 싶은 일을 한다

아이의 마음 = '하고 싶다!'

아이가 좋아할 장난감을 '보이는 수납' 상자에 넣어 두고, 언제든지 몇 번이고 가지고 놀 수 있도록 한다.

2단계

반복한다

아이의 마음 = '한 번 더!'

아이 스스로 선택한 활동은 몇 번이고 반복하면서, 잘하게 될 때까지 연습한다.

3단계

집중한다

아이의 마음 = '…(말이 없어짐)'

이때, 부모는 아이에게 말을 걸지 말고, 아이가 생각하고 상상할 수 있는 시간을 충분히 준다.

4단계

성취감을 맛본다

아이의 마음 = '내 힘으로 해냈다!'

아이가 놀이를 마치고 나서 행복한 표정을 지으면, 그때 처음으로 공감하는 표현을 한다.

5단계

다음 새로운 일에 도전한다

아이의 마음 = '다음엔 뭘 할까?'

성취감을 맛보고 만족하면, 다른 장난감이나 놀이로 관심이 이동한다.

아이가 만족할 때까지 놀이를 즐기면, 다음 단계로 이동할 수 있습니다.

문제 행동   아이는 스스로 선택하고, 만족할 때까지 해내고 싶어 한다!

부모의 시선   아이의 마음

POINT!

금방 싫증 내도 괜찮다
장난감 하나에 만족하는 시간은 아이마다 다릅니다. 금방 싫증 내도 상관없
습니다.

엄마 아빠가 먼저 신나게

노는 것을 보여 주면 GOOD!

몬테소리 교육에서 사용하는 교구나 장난감은 고가다 보니 현실적으로 가정에서 구매하기 부담스러운 면이 있습니다. 다행히도, '플로우'를 경험하게 해 주는 장난감은 비싼 것이 아니어도 괜찮습니다. 할인매장에서 파는 저렴한 장난감, 손수 만든 장난감, 페트병이나 양념통 등 일상 재료로도 아이를 몰입하게 만들 수 있습니다. 장난감이 너무 쉬우면 금방 질리고, 너무 어려우면 관심이 가지 않습니다. <u>핵심은 '약간 어려운 정도'입니다.</u>

장난감을 준다고 해서 아이가 바로 관심을 가지는 것은 아닙니다. 놀이 방법을 잘 모르면, 그저 보고만 있을 뿐이지요. <u>부모가 실제로 즐기며 놀아 보이는 것이 중요합니다.</u> 아이는 그 모습을 지켜보며 자기의 성장 단계에 적합한 장난감인지 스스로 판단합니다. 자기에게 필요하다고 판단하면, 즉시 손을 내밀고 가지고 노는 데 집중할 것입니다.

이럴 때는 어떻게 해야 할까요?

옷을 갈아입히려고 아이를 눕히면 불같이 화를 내며 펑펑 웁니다. 움직임을 제한받는 것이 싫어서 그러는 걸까요?

(17개월 남아)

\\ Answer // **아이를 지루하게 만들지 않을 요령이 필요하다**

옷을 갈아입히려고 눕히면 아기는 '뭐 하는 거지? 왜 놀이를 중단시키지?!' 라고 생각하고 있을지도 모릅니다. 아기가 누워서도 손을 들어 놀 수 있도록 모빌처럼 매달린 장난감이나 관심 갈 만한 새로운 장난감을 제공하여 지루 해하지 않도록 합시다.

제 **3** 장

세계로 뻗어 나가
재능을 꽃피우다
'9가지 지능'

학력 외 다양한 '9가지 지능'을 찾아주자!

 미처 몰랐던 '아이의 재능'이 보인다!

저는 지금까지 베이비 스쿨과 어린이집을 운영하면서 2만여 명 이상의 아이들을 접해 왔습니다. 매번 '이 아이에게는 이런 재능이 있구나!'라며 아이들이 가진 다양한 능력에 놀라곤 합니다. 그래서 아이들의 능력은 결코 단면적으로 정의해서는 안 되며, 다양한 관점에서 파악하고 성장을 지원해야 한다고 생각하게 되었습니다.

제가 몬테소리 교육과 함께 중요하게 생각하는 '다중지능' 이론은 하버드대학교 하워드 가드너$^{Howard\ Gardner}$ 교수에 의해 제창되었습니다. 인간에게는 8가지 지능(신체운동, 언어, 논리수학, 공간, 자연친화, 음악, 인간친화, 자기성찰)이 있으며 개인마다 장단점이 다르듯, 사람에 따라 어떤 지능은 높고, 어떤 지능이 낮기도 하다는 이론입니다.

저는 영유아 교육 경험을 바탕으로 '감각 지능'을 추가 개발하였으며, '9가지 지능'으로 아이를 관찰할 것을 권장하고 있습니다.

9가지 지능

운동
운동 신경으로 연결된다

사회성
인간관계와 사회적
상호작용으로 연결된다

학력
언어 능력과 논리적 사고로
연결된다

신체운동

인간친화

자기성찰

언어

논리수학

공간

아이가 가진
9가지 지능

음악

감각

자연친화

감성
느낌을 최적화하여
표현하는 능력으로 연결된다

'모든 지능을 균형 있게' 키워주는 것이 중요하다!

 ## 어떤 재능도 충분히 성장할 수 있다

모든 아이는 태어날 때부터 9가지 지능을 가지고 있습니다. '우리 아이는 재능이 없다'고 생각하는 부모님들도 있겠지만 그렇지 않습니다. 조용히 혼자 있는 시간이 많은 아이, 크레파스와 종이를 주면 열중해서 다채로운 그림을 그리는 아이, 실내에서는 지루해하지만 야외에 나가면 아무도 눈치채지 못하는 자연의 변화를 깨닫는 아이도 있습니다.

'9가지 지능'의 관점으로 바라보면, 지금까지 미처 깨닫지 못했던 아이의 잠재된 능력들이 보입니다. 그리고 자녀에 대한 견해가 바뀌면서, 지금까지 아이가 보였던 행동들이 '재능의 표현'이었음을 깨닫고 긍정적으로 대처할 수 있게 됩니다.

어떤 지능이 어느 정도 성장할지는 태어난 이후의 경험에 따라 달라집니다. 영유아기는 특정 능력뿐만 아니라 9가지 지능을 모두 균형 있게 키우는 것이 좋습니다. 부모는 아이가 능력을 마음껏 발휘할 수 있는 환경과 지원을 제공해 주는 것이 중요합니다.

방에서 혼자 그림 그리기를
좋아하는 A도

밖에서 신나게 노는 것을
좋아하는 B도

만약 부모가 '문제가 있는 것은 아닐까?'라는 시선으로 본다면…

A는…

친구 없이 혼자
그림만 그리는

'사회성 없는 아이'

B는…

산만하고,
양보할 줄 모르는

'독선적인 아이'

잘하는 것도,
못하는 것도,
성장하면서
계속
변한다!

지금부터 아이의 능력을
단정하지 말고
영유아기에 '9가지 지능'을
균형 있게 키워주자♪

어떤
환경에서도
아이 스스로
대응할 수 있는
'토대'가
만들어져요.

제가 알려
드릴게요♪

뛰어난 운동신경!
신체운동 지능

어떤 능력일까?

'신체운동 지능'은 문제 해결과 창조적 활동을 위해 신체 전체나 일부를 사용하는 능력입니다. 신체운동 지능이 높은 아이는 운동 신경이 좋은 아이, 손재주가 좋은 아이입니다. 어떤 운동이든 단시간에 습득하고 신체를 자유자재로 사용하는 유형의 아이는 영유아기의 경험을 통해 신체운동 지능을 계발했다고 볼 수 있습니다. 신체 발달 단계에 맞는 동작과 운동을 경험하는 것이 중요합니다.

미래에 어떤 직업이 유용할까?

기본적으로 모든 직업은 '신체'가 자산입니다. 운동 선수나 강사, 체육 교사처럼 신체를 움직이는 직업은 물론이고, 의사나 공예가처럼 탁월한 손가락 교치성으로 정교함과 섬세함을 추구해야 하는 직업도 적합합니다. 파일럿, 항해사, 외교관, 무역업자 등 해외 관련 직업도 추천합니다. 체력이 좋은 사람은 활력이 넘쳐 기업가로 성공할 가능성도 큽니다.

'신체운동 지능'을 키우는 활동
공놀이

수제 공 만들기
천을 사각형으로 자른다. 자르고 남은 자투리 천을
가운데 놓고 동글게 오므린 후, 고무줄로 꽉 묶으면
간편하게 수제 공 완성!

'나비야' 노래에 맞춰, '이리 날아오너라~'에서 공을 위로 던져 올리고 받는 것을
보여준다. 아이에게 공을 던져주고 받을 수 있게 되면 던지고 받기를 반복한다.

작은 대야에 공을 넣고 대야 밖으로 떨
어지지 않도록 균형을 잡으며 굴린다.
다음은 대야를 위아래로 움직여 공을
띄웠다가 받아본다.

POINT!

자신의 의지로 눈과 신체를 움직이고 운동으로 연결하는 능력을 키웁
니다. 익숙해지면 공 개수를 늘려봅니다.

'신체운동 지능'을 키우는 활동
몸짓 놀이

다다다다…

다다다다…

발꿈치를 올리고 까치발로 서서
'다다다다'라고 말하며 걷는다.

데구루루 잡아라!

'데구루루 잡아라!'라고 외치며,
아이가 있는 방향으로 공을 굴린다.

POINT!

언어와 운동을 연결하는 능력을 키웁니다. 풍선을 '통통 위로 올리자'
라고 외치며 풍선을 위로 띄우는 놀이도 추천합니다.

'신체운동 지능'을 키우는 활동
바닥 닦기 시합

준비 자세에서 손으로 걸레를 잡고, 엉덩이를 들어
올린다. '출발!' 신호와 함께, 걸레를 앞으로 밀면서
달리기 시합을 한다.

걸레를 밀면서 앞으로 달리는 동작은 팔 지지력과 손 악력을 키우는 데
도움이 됩니다. 신체 균형이 좋아지고 바른 자세를 만들어 줍니다.

언어 지능

어떤 능력일까?

'언어 지능'은 음성 언어와 문자 언어를 효과적으로 구사하는 능력입니다. 언어 지능은 의사소통 능력에 영향을 미칩니다. 영유아도 소리를 듣고 식별하는 능력이 있으므로 말을 많이 걸어주면 언어 능력이 발달하고 소통을 즐기는 아이로 성장합니다. 결과적으로 인간관계도 원활해지고 주변 사람들의 신뢰도 얻을 수 있게 될 것입니다.

미래에 어떤 직업이 유용할까?

언어를 주요 능력으로 사용하는 직업은 교사, 작가, 각본가, 편집자, 언론인 등이 포함되며, 광고·언론 등 미디어 관련 분야의 직업도 있습니다. 어떤 직업이든 의사소통 기술이 필요합니다. 글로 정확하게 소통할 필요성이 높아진 지금, 각종 문서를 작성하는 모든 사무 직업에 유용한 능력입니다.

'언어 지능'을 키우는 활동

낱말 찾기 놀이

첫 글자가 같은 낱말을 찾아본다.

시각적으로 글자와 낱말을 찾게 한다. '가'를 보여주고 여러 책에서 같은 글자가 들어간 낱말을 찾는다.

 POINT! 글자의 소리와 문자의 형태를 자연스럽게 익힐 수 있습니다.

'언어 지능'을 키우는 활동
의성어 놀이

모래를 만지는 소리, 스티커를 붙이는 소리, 문을 노크하는 소리 등
일상생활의 소리를 의성어로 표현해본다.

 POINT! 의성어는 오감을 자극하는 '음성 장난감'입니다. 일상의 여러 소리를
상상하고 표현하는 연습을 반복하면 감수성이 풍부해집니다.

'언어 지능'을 키우는 활동
그림책에서 펼쳐지는 세상

이거랑 똑같은 게
집에 있을까?

그림책에 나오는 사물 이름과
집에 있는 실물을 짝지어 본다.

POINT!

'이 그림에는 무슨 색이 있을까요? (빨강, 노랑, 녹색 등)', '이 그림에서
둥근 모양은 뭘 까요? (공, 달, 얼굴 등)'처럼 그림을 보고 낱말을 연상
하는 놀이를 해 봅시다.

논리적 사고력!
논리수학 지능

어떤 능력일까?

'논리수학 지능'은 계산이나 암산뿐만 아니라, 문제를 논리적으로 분석하는 능력입니다. 논리수학 지능이 높으면 사물과 상황에 관해 단계적으로 논리를 세워가며 사고할 수 있습니다. 논리수학 지능은 이과 계열에만 필요한 능력이 아닙니다. 문과 분야에서도 논리적으로 사고하는 힘은 중요합니다. 최근 프로그래밍 사고가 주목받고 있으며, 미래에는 이과 문과의 계열 구별도 사라질 것입니다.

미래에 어떤 직업이 유용할까?

초등학교에서 프로그램 교육이 중요하게 대두된 것처럼 앞으로는 논리수학 지능이 더욱더 요구될 것입니다. 건축가, 시스템 엔지니어, 프로그래머, 게임 크리에이터, 일반 IT 관련 직종 등의 기술 관련 직업이나 공인회계사, 세무사, 펀드 매니저와 같은 금융 관련 분야 직업을 추천합니다.

> ### '논리수학 지능'을 키우는 활동
> # '주변 사물'로 수 놀이

'식탁에 그릇 세 개 놓아보렴'
'오늘 ○○이가 입을 옷은 한 개, 두 개, 세 개네?'
일상생활에서 숫자를 알려준다.

POINT! 숫자가 쓰여 있는 사물(시계, 달력, 책 페이지, 간판, 지하철 노선 번호, 버스 번호, 자동차 번호판 등)로 숫자를 읽게 하는 활동을 추천합니다.

‘논리수학 지능’을 키우는 활동

‘계란판’을 활용한 숫자 놀이

그래, 잘하네.

마카로니 10개

구슬 10개

탁구공 10개

빈 계란판에 탁구공, 콩, 블록, 구슬, 마카로니, 종이 공 등을 넣는다.
사물의 종류가 달라도 수는 변하지 않음을 알려준다.

POINT!

일대일 대응으로 10까지의 수 개념을 알려줍니다. 열 개에서 몇 개를
뺀 후 ‘몇 개를 더 넣어야 열 개가 되지?’라고 질문하면, 10을 가르고
모으는 수 조합에 대해서 차츰 알게 됩니다. 부족한 수가 시각적으로
보이기 때문에 이해하기 쉬워집니다.

'논리수학 지능'을 키우는 활동

자석과 방울 놀이

음~~

방울이 몇 개
들어 있을까?

쇠방울 세 개를 주머니에
넣고 몇 개가 들어 있는지
세어보게 한다.

1, 2, 3
...

방울이 몇 개
달려 있을까?

자석에 쇠방울이 연이어 매달리는
실험을 보여주고, 매달린 방울이
몇 개인지 세어보게 한다.

POINT!

**수를 세고 몇 개인지 답을 생각하면서 수량을 파악하는 숫자 감각을
익힐 수 있습니다.**

독보적 창의성!

공간 지능

어떤 능력일까?

'공간 지능'은 시각적으로 공간의 패턴을 인식하는 능력입니다. 그림, 색상, 선, 모양, 거리에 민감히 반응하고 상상할 수 있습니다. 공간 지능은 그림 재능과 깊은 관련이 있습니다. 사람 간의 거리감을 측정하는 능력에도 활용되므로, 공간 지능을 높이면 의사소통 능력과 대인관계 능력도 향상됩니다.

미래에 어떤 직업이 유용할까?

공간 지능은 예술 분야 직업에만 국한되지 않습니다. 아름다움을 찾아내는 심미안이 있으면 여러 분야에서 능력을 발휘할 기회가 많습니다. 패션·산업·화훼 등 다양한 계열의 디자이너는 물론이고 건축가, 미술관·박물관 큐레이터, 화가, 서예가, 조각가, 영화 연출가, 애니메이터, 헤어·메이크업 아티스트 등 창조적 직업에 적합합니다.

'공간 지능'을 키우는 활동
손수건 놀이

손수건 놀이
서서 손수건을 잡고 있다가 놓는다.
아이는 앉아서 나풀나풀 떨어지는
손수건을 잡는다.

수건, 손수건 놀이!

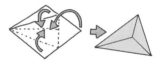

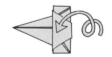

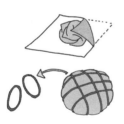

고무줄로 멜론 빵 만들기
손수건을 공 모양으로 말아서 넓은 수건
가운데 놓고, 동그랗게 싼다. 고무줄을
가로 세로로 번갈아 끼우며 고정한다.

돌돌 말아 크루아상 만들기
손수건을 펼치고 왼쪽 위 모서리를 삼
각형으로 접는다. 접은 모서리 중심선을
기준으로 양쪽에서 삼각형으로 접는다.
대각선 반대쪽 모서리부터 삼각형 꼭짓
점을 향해 돌돌 말아 감는다.

POINT! 사각형 손수건을 만지고 모양을 바꾸면서 공간 지능, 도형 지식, 방향
감각, 거리감 등을 키울 수 있습니다.

91

빈 상자 쌓기

여러 가지 형태의 빈 상자를 최대한 높이 쌓아보게 한다.

 POINT! **사물을 입체적으로 보는 연습을 통해 공간 지능이 향상합니다.**

'공간 지능'을 키우는 활동
넓은 종이에 지도 그리기

전지 크기의 큰 종이를 준비한다. 종이 가운데에 우리 집을
그리고 주변 도로, 이웃집, 가게 등을 그린다. 지도의 큰 틀은
부모가 그려주고 아이는 잡지나 전단에서 오려낸 건물, 동물,
식물 등을 붙이게 한다.

**산책할 때 집 주변에 무엇이 있는지 확인하고, 매일 목록을 추가합니다.
아이가 주변 환경을 파악하게 되면서 지도를 읽는 능력이 생깁니다.**

풍부한 감수성!
자연친화 지능

어떤 능력일까?

'자연친화 지능'은 자연과 인공물 종류를 식별하는 능력을 말합니다. 꽃과 나무, 바람 향기 등 계절에 따라 변하는 자연의 풍부한 표현을 많이 접촉하면 세련된 감성과 오감을 키울 수 있습니다. 자연을 오감으로 즐기고, 차분히 관찰하는 과정에서 아이들은 수많은 발견을 하고 영감을 받으며 경험을 축적합니다. 이는 '마음으로 느끼는 능력' 향상으로 연결됩니다.

미래에 어떤 직업이 유용할까?

사람과 자연을 연결하는 분야의 일이나, 환경을 보호하는 업무 외에도 여행 관련 기획자나 가이드, 오락·엔터테인먼트 등 레저 관련 직업이나 외식 및 교육 관련 산업 등 폭넓은 업종에 유용합니다. 자연과 직접적인 관련은 없어도 자연에서 얻은 감성과 감각을 바탕으로 창작 분야에서 뛰어난 능력을 발휘할 수 있습니다.

'자연친화 지능'을 키우는 활동
낙엽 놀이

떨어진 낙엽을 밟으며, 소리와 촉감을 느껴본다.

같은 종류의 낙엽(같은 모양, 같은 색, 같은 크기)을 찾아서 겹쳐본다.

POINT!

나무의 종은 같아도 똑같이 생긴 것이 없고 제각각 다르다는 사실을 깨닫게 되면서 감각적으로 미세한 차이와 변화를 알아차릴 수 있게 됩니다. 이 능력을 바탕으로 타인의 감정 변화를 민첩하고 정확하게 파악하는 것도 가능해집니다.

'자연친화 지능'을 키우는 활동

밤하늘 관찰하기

실내등을 끄고 손전등 불빛을 천장에 비추며,
달의 기울기나 별에 관한 유사 체험을 한다.
등을 켜고 끄면서 '밝다, 어둡다',
손전등으로 만든 달이
'커진다, 작아진다' 등의
반의어도 함께 가르쳐 준다.

손전등에 검은 종이를 붙
이고 천장에 빛을 비추면
'달의 차고 이지러짐'을
간접 체험할 수 있다.

'밤에 하늘을 올려다보면 뭐가 보일까?'라며
달의 위상 변화와 별을 관찰한다.
옛날 사람들이 별과 별을 이어 별자리를 만든
이야기도 들려준다.

POINT!

아이가 과학에 흥미를 느낄만한 중요한 현장 체험이 될 수 있습니다.
체험 후에는 천체 도감을 보면서 함께 연구해 봅니다. 별자리 그리기
놀이와 별자리 책을 읽어 주는 것도 상상력을 키우는 데 좋습니다.

'자연친화 지능'을 키우는 활동
그림자 밟기 놀이

한 명은 그림자가 밟히지 않도록 도망가고, 다른 한 명은 그림자를 밟으러 쫓아가는 놀이를 한다.

POINT!

그림자에 주목하는 동안, '그림자 방향이 바뀌었다', '그늘로 가니까 그림자가 없어졌다', '시간이 지나니 그림자가 작아지거나 커진다', '태양의 반대편에 그림자가 생겼다' 등 여러 현상을 발견하는 재미를 가르쳐 줄 수 있습니다.

탁월한 센스!
감각 지능

어떤 능력일까?

'감각 지능'은 오감을 최대한 활용하여 다양한 정보를 민감하게 받아들이는 능력입니다. 다른 지능들과 겹치는 부분이 있지만, 오감으로 느끼는 체험을 다양하게 많이 한 아이들은 센스 있고 표현력이 풍부한 성인으로 성장하는 경향이 있습니다. 감각 지능이 뛰어난 아이는 사람들의 감정 변화를 쉽게 알아차리고 의사소통 능력이 높습니다.

미래에 어떤 직업이 유용할까?

경험에서 축적된 '감각'과 더불어, 오감을 사용하는 모든 영역에서 뛰어나기 때문에 다양한 창작 활동 분야에서 활약할 수 있습니다. '시각'은 예술과 디자인 분야, '청각'은 음악 분야, '미각'은 셰프나 파티시에 등 요리 분야, '후각'은 조향사나 요리 분야, '촉각'은 앞서 언급한 모든 업종에 연결되는 능력입니다.

'감각 지능'을 키우는 활동

교감 놀이

딸랑이를 들고, 흔들면서 놀게 한다.

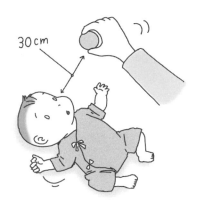

아기의 눈으로부터 30cm 정도 떨어진 지점에서
빨간 공을 좌우로 움직여 시선을 따라오게 한다.

POINT!

**신생아의 경우, 탁구공 크기의 빨간 공을 아기 눈앞 30cm 거리에서
천천히 좌우로 움직입니다. 아기의 눈이 움직이는 공을 천천히 따라
오기 시작합니다.**

'감각 지능'을 키우는 활동
감각 놀이 도구 만들기

문지르고 누르면서 감각을 느낀다.

①지퍼백에 구슬이나 말랑한 공 등을 넣는다.
②헤어 젤을 짜 넣는다.
③식용 색소를 소량 넣는다. 지퍼를 막고 접은 후 테이프로 밀봉한다.
④문지르거나, 손가락으로 누르면서 촉감을 느끼게 한다.

POINT! 색 변화, 말랑말랑한 감촉, 딱딱한 구슬과 말랑한 공의 경도 차이를 마음껏 즐기게 합니다.

'감각 지능'을 키우는 활동
'음식 재료' 빻기 놀이

부모님이 먼저 커피, 참깨 등을 빻은 후, 아이가 냄새를 맡게 합니다.
아이가 직접 절굿공이로 빻아보게 합니다.

POINT!

빻았을 때 향이 나는 음식 재료들의 다채로운 냄새를 맡으면 후각이
민감해집니다. 또한 절굿공이로 깨를 빻는 체험을 통해 손목을 움직
이는 연습도 병행할 수 있습니다.

절대적 리듬감!
음악 지능

어떤 능력일까?

'음악 지능'은 리듬, 음정, 음색 등을 식별하는 능력입니다. 음악 지능이 발달하면 작곡과 연주를 잘하게 됩니다. 또한, 듣는 능력이 높기 때문에 언어를 다루는 능력도 좋습니다. 어려서부터 음악을 자주 접하면서 리듬감을 체득하면 어른이 되어서도 노래, 춤, 연주에 특기를 보이게 됩니다.

미래에 어떤 직업이 유용할까?

'음악' 관련 직업이 가장 이상적입니다. 가수, 작곡가, 작사가, 뮤지션, 지휘자, 악기 연주자, 음악 프로듀서, 뮤지컬 배우, 댄서, 녹음 및 믹싱 엔지니어 등 음향 미디어 관련 업종에서 능력을 발휘합니다. 또는 영역을 확장해 매스컴, 영상, 영화, 연극, 엔터테인먼트 관련 직업도 적합합니다.

'음악 지능'을 키우는 활동

'무슨 소리지?' 놀이

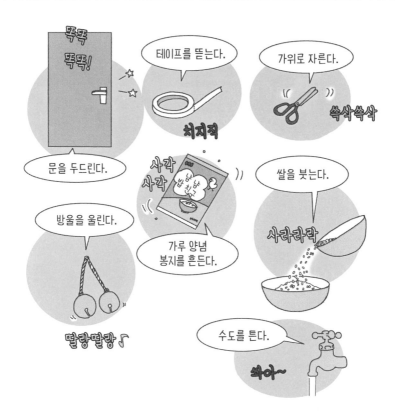

아이의 눈을 감게 하고 '노크하기, 테이프 뜯기, 가위로 자르기, 쌀 붓기, 수도 틀기, 방울 울리기, 양념통 흔들기' 등의 소리를 들려준다.

POINT! 일상의 다채로운 소리를 판별하는 과정에서 의사소통 능력, 이해력, 창의력이 향상됩니다. 손과 손가락으로 악기를 두드리고 문지르거나, 자신의 몸을 두드려서 소리를 내는 것도 재미있는 활동이 됩니다.

프라이팬 드럼

갑 티슈 기타   **페트병 마라카스**

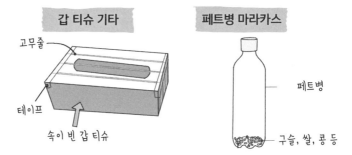

집에 있는 물건으로 악기를 만들어 보자!

프라이팬 드럼
프라이팬이나 냄비를 컵이나 젓가락으로 두드린다.

갑 티슈 기타
속이 빈 갑 티슈와 고무줄, 테이프를 이용해 수제 기타를 만든다.

페트병 마라카스
아이가 손으로 잡을 수 있는 작은 페트병에 구슬이나 쌀, 콩 등을 넣어 만든다.

POINT!   좋아하는 음악에 맞춰, 직접 만든 악기로 가족이 함께 연주해 봅시다.

'음악 지능'을 키우는 활동
동요에 맞춰 동그라미 율동 놀이

[얼굴에 동그라미 그리기]

① 이마에 원을 그린다.

② 눈 주위를 안경 모양으로 원을 그린다.

③ 코를 위아래로 왕복하며 쓰다듬는다.

④ 좌우 콧방울을 각각 가볍게 집는다.

⑤ 입 주위를 시계방향, 반시계방향으로 두 번 원을 그린다.

⑥ 마지막으로 얼굴 전체에 큰 원을 그린다.

POINT!

아이가 좋아하는 동요를 틀어 주거나 직접 불러주며 얼굴 동그라미 율동을 합니다. 보행을 유도하는 동작으로 확장하여 온몸으로 리듬을 느끼게 합니다.

능숙한 의사소통!
인간친화 지능

어떤 능력일까?

'인간친화 지능'은 타인의 감정, 의도, 동기, 욕구에 대한 이해를 기반으로 양질의 관계를 맺고 유지하는 능력입니다. 인간친화 지능은 의사소통 기술과 인간관계 구축에 큰 영향을 미칩니다. 이 능력을 키우면 성인이 되어서도 인간관계 갈등으로 고민하거나 고통받는 일이 적고, 많은 동료에게 둘러싸여 사랑받으며, 좋은 인맥을 통해 풍요로운 삶을 누릴 수 있습니다.

미래에 어떤 직업이 유용할까?

인간관계가 그다지 필요 없는 직업도 있지만, 대부분의 직업은 소통 능력이 필요합니다. 기획, 마케팅, 영업 포함 다양한 직종에서 사람에게 관심을 가지고 상대의 감정과 욕구를 능숙하게 다루는 사람이 좋은 성과를 낼 수 있습니다. 또한, 사업가와 프리랜서도 타인과 소통하고 인맥을 맺는 능력이 계약 성사로 연결됩니다.

'인간친화 지능'을 키우는 활동
역할 놀이

가정에서의 상황을 모방하며
엄마, 아빠 역할 놀이를 한다.

POINT!

어른의 모습을 따라 하는 아이의 행동에는 동경하는 마음이 담겨 있습니다. 아이는 소꿉놀이로 어른들의 행동을 모방하면서 장차 어른이 되었을 때의 행동과 활동을 배워갑니다.

우리 집 놀이

아이 놀이 공간을 종이 박스로 둘러서 집 형태로 만들어 준다.

놀이 공간을 분리해서 종이 박스로 칸막이를 만들어 주거나 자투리 천으로 커튼을 달아주면, 아이가 아늑함을 느끼고 역할 놀이에 더욱 집중합니다.

'인간친화 지능'을 키우는 활동
집안일 돕기

요리하는 부모 옆에서 채소 껍질을 벗기거나 찢는 등의 재료 손질과 요리를 돕는다.

이건 아빠 옷이야.

빨래집게를 빼거나, 세탁된 옷을 개고 가족별로 분류하는 등의 빨래 과정을 아이와 함께합니다.

POINT!

가족의 식기와 수저를 놓거나 정리하는 역할을 아이에게 맡기는 것도 추천합니다. 가족 안에서의 자신의 역할을 가짐으로써 자신도 다른 사람에게 도움이 되는 존재임을 깨닫게 됩니다.

우수한 목표달성력!
자기성찰 지능

자기성찰

어떤 능력일까?

'자기성찰 지능'은 자신의 강약점을 이해하며 자발적으로 목표를 설정하고 달성하는 등 스스로 동기부여하는 능력입니다. 자기성찰 지능이 발달한 사람을 소위 '사색가 유형'이라고 합니다. 깊이 사고하고 사색하는 능력을 기반으로 사람의 내면을 깊이 고찰하므로 자신을 객관적으로 이해하고 감정을 능숙하게 표현할 수 있습니다. 동시에 타인의 감정도 잘 헤아릴 수 있어 주변에 늘 사람이 따르며 성숙한 인간관계를 맺습니다.

미래에 어떤 직업이 유용할까?

기업가 중에는 특히 자기성찰 지능이 탁월한 타입이 많습니다. 기업가로 성공하려면 타인의 의견을 경청하는 것 외에도 자신이 직접 계획하고 전략을 구상할 수 있어야 하기 때문입니다. 분야에 상관없이 냉철한 자기분석이 필요한 모든 직업에 적합합니다.

> ### '자기성찰 지능'을 키우는 활동
> # 모래 놀이

영유아는 모래를 입에 넣을
수도 있으므로, 지퍼백에
모래를 넣고 밀봉한 후에
감촉을 느끼게 한다.

모래

물에 풀을 섞어
붓으로 그림을 그린다.

그림 위에 모래를
솔솔 뿌린다.

아이가 조금 더 크면, 물에 풀을 약간 풀고 붓으로 도화지에
얼굴이나 모양을 그리게 한다. 풀이 마르기 전에 그림 위에
모래를 솔솔 뿌려준다. 모래가 풀에 충분히 붙어서 마르면
완성!

POINT!

모래의 촉감과 모래로 만들어지는 모양을 보면서 집중하기 시작하고,
자신이 창조한 세계에 몰입하게 됩니다.

세계지도 놀이

세계지도를 펴놓고 아이와 함께 '여기엔 누가 살고 있을까?'
'따뜻할까, 추울까?' 등을 상상하면서 이야기를 나눈다.

POINT! 각국의 국기, 전 세계 어린이 모습, 민족의상 사진 등을 국가 이름과
짝지어 보면서 '자신'과 '세계'가 연결되어 있음을 배울 수 있습니다.

> ### '자기성찰 지능'을 키우는 활동
> # 경단 만들기 놀이

찹쌀가루와 두부를 볼에
넣고 섞어준다.
반죽 작업은 집중력을
높여준다.

주물
주물…

엄마가
보조 요리사네!

동그랗게 경단을 빚은 후, 끓는 물에 데쳐준다.
경단 속이나 소스는 아이의 기호에 맞게 준비한다.

POINT!

조용히 집중하면서 잡념이 사라지는 작업 과정은 성찰의 시간이 됩
니다. 점토 놀이, 물놀이(가정용 풀, 욕조), 진흙 놀이 등도 자기성찰
지능을 높여 줍니다.

제 **4** 장

아이의 능력을 끌어내는
'8가지 마음가짐'

아이의 모든 것을 받아들인다

　몬테소리 교육에서 제안하는 '아이를 대하는 마음가짐'을 기초로 저의 현장 경험을 더해 '8가지 마음가짐'으로 정리하였습니다.

　첫 번째 마음가짐은 '아이의 모든 것을 받아들인다'입니다.

　아이에게 어른의 상식을 강요하지 말고 무궁무진한 가능성을 열어 줍니다. 예를 들어, 아이가 태양을 검은색, 나뭇잎을 보라색으로 칠했다면, 그만한 이유가 있을 수 있습니다. 어른의 상식으로 태양은 빨간색, 나뭇잎은 초록색으로 칠하라고 지도하면 아이의 자유로운 발상을 부정하는 것과 같습니다.

　어려서부터 자유로운 발상을 인정받으며 성장한 사람은 기발하고 참신한 아이디어를 구상하는 데 두려움이 없습니다. 어른의 시선으로 판단하고 부정하지 마세요. 아이가 왜 그렇게 생각하고, 어떤 행동을 하는지, 그 과정을 지켜봐 주는 것이 중요합니다.

문제 행동 어른의 상식을 강요하지 말 것!

부모의 시선	아이의 마음

POINT!

'그대로 좋아'라는 마음으로 모든 것을 인정해 준다
상식에 구애받지 않는 아이들의 자유로운 발상을 있는 그대로 받아들이고,
부모님도 함께 즐겨보세요.

발상력을 박탈한다…

아이가 한 일이나 언행을 일단 긍정적으로 수용하는 것이 중요합니다. "그렇게 하고 싶었구나.", "그런 생각을 했구나!"로 응답해 줍니다. 그러면 아이는 부모님으로부터 받아들여졌다는 안도감을 느낍니다.

아이가 한 일을 있는 그대로 받아들이지 않고, 부정적인 반응으로 응수하는 것은 아이가 본래 가지고 있는 풍부한 발상력과 상상력을 박탈하는 것과 같습니다. 아이는 자존감이 손상되어 '나는 잘할 수 없나 봐, 난 안 돼…'라며 자신감과 용기를 잃게 됩니다.

'이렇게 해야 해'라고 어른의 상식과 가치관을 강요하면, 아이는 부모가 원하는 대로 행동하게 됩니다. 부모 입장에서는 편하고 안심될지 몰라도, 아이는 주관과 재능을 동시에 잃게 됩니다.

이럴 때는 어떻게 해야 할까요?

아이의 분리 불안이 심해졌습니다. 제가 잠깐이라도 멀어지면 불안한지 계속 안아달라고 떼를 씁니다. 잠시라도 떨어졌다고 느끼면 밥을 던져버리거나 절 때립니다.

(23개월 남아)

 Answer **분리 불안을 느끼지 않게 즐거운 환경을 조성해 준다**

분리 불안은 나와 엄마가 별개의 존재라는 것을 깨닫게 되었기 때문에 눈앞에서 사라지면 불안해하는 현상입니다. 떨어져 있어도 눈을 맞추거나 노래를 불러주는 등 즐거운 기분이 들게 해 주는 것이 중요합니다. 엄마가 하는 일을 실황 중계 하면서 말을 걸고, 아이가 옆에서 도울 수 있는 역할을 줍니다. 하지 말아야 할 행동에 대해서 아이에게 미리 이야기해 두고, 지키지 않으면 상대해 주지 않는 대응을 반복합니다.

아이가 선택하게 한다

어린 아기도 스스로 선택할 능력과 의지가 있습니다. 제가 운영하는 베이비 스쿨에 한 엄마가 생후 3개월 된 아기를 데리고 상담 목적으로 방문하였습니다. 상담을 시작하기 전에, 아기에게 세 가지 물건을 보여주며 "무엇을 줄까요?"라고 물었습니다. 아기는 눈으로 '이거!'라는 신호를 보내고, 빨간색 머리띠 쪽으로 손을 뻗었습니다. 아기가 선택한 머리띠를 주자, 좋아하며 놀기 시작했습니다.

아이에게 장난감을 줄 때는 어른이 일방적으로 주는 것이 아니라 제가 한 것처럼 몇 가지 선택지를 주면 좋습니다. 어린 아기라 해도 자기가 원하는 장난감을 선택하고 손에 넣고 싶어 합니다.

인생은 선택의 연속입니다. 그 선택의 순간마다 자신에게 적합한 선택을 할 수 있느냐 없느냐에 따라 인생이 크게 달라질 수 있습니다. 어릴 때부터 자신의 의지로 선택하는 경험을 쌓아야, 어른이 되어서도 타인의 의견에 휘둘리지 않고 스스로 인정할 수 있는 인생을 선택할 수 있습니다.

문제 행동 아이에게서 '<u>스스로 선택하는 힘</u>'을 빼앗지 말 것!

부모의 시선	아이의 마음

사소해 보여도 아이가 직접 선택하게 한다

POINT!

놀고 싶은 장난감, 먹고 싶은 과자 등 어른이 보기엔 사소한 선택일지라도
아이가 직접 결정하도록 맡겨 주세요.

다양한 가치관이 존재함을

알려주어 '선택력'을 키운다

아이가 주체적으로 선택하는 삶을 살 수 있도록 부모는 '세상에 다양한 가치관이 있다는 것'을 알려주는 것이 매우 중요합니다. 부부라도 각자 다른 환경에서 성장했으므로 가치관이 다른 것이 당연합니다. 그래도 대립각을 세우지 않고 '엄마 아빠의 의견이 다를 수는 있지만, 서로 충분히 대화를 나누고 결정하고 있다'는 모습을 보여줄 필요가 있습니다.

부부간에 생각이 달라도 서로를 존중하며 인생을 즐기는 모습을 자주 보여 줍시다.

다양한 가치관을 가진 사람들이 모이는 환경을 경험하게 해 주는 것도 중요합니다. 그러면 아이의 시야가 넓어지고 친구 관계나 사회에 진출한 후의 인간관계에서도 상대의 의견을 존중하면서 자신의 의견도 제대로 피력할 수 있게 됩니다.

이럴 때는 어떻게 해야 할까요?

밤마다 아이가 우는 통에 도통 잠을 잘 수가 없습니다. 생활 리듬이 크게 망가진 것은 아니지만, 피곤이 쌓이니 점점 짜증이 나서 고민입니다.

(24개월 여아)

Answer 평상시에 아이의 요구를 파악하고 대화한다

욕구, 욕망, 불안을 억제하는 전두엽이 아직 충분히 발달하지 않은 상태이기 때문에 밤 울음을 제어할 수 없는 경우도 있습니다. 아이의 전두엽을 단련하기 위해서는 평소에 아이를 유심히 관찰하여 무엇을 요구하는지 헤아리고, 아이 마음을 대변하는 대화를 시도하는 것을 권합니다. 그 외에 아침 햇살을 충분히 받도록 하고, 손가락과 신체를 활용한 놀이, 스킨십 등으로 감정을 진정시키는 것도 좋은 방법입니다.

아이의 속도를 기다려 준다

'기다림'의 중요성에 대해 반복해서 이야기해 왔습니다만, 아이
가 하는 일을 그저 '지켜보고, 믿고, 기다린다'는 것이 그리 쉬운 일
은 아니지요. 사실, 부모 입장에서는 아이가 할 일을 직접적으로 알
려주는 것이 빠르고 편합니다. 하지만, 아이에게는 아이만의 속도가
있고, 그것을 지켜보는 것이 어른의 역할입니다. 알려주는 것보다
아이 스스로 깨닫게 될 때까지 기다리는 것이 훨씬 더 중요합니다.

스스로 깨달으며 성장한 아이는 때와 장소에 적합하게 대처할 수
있는 능력을 소유하게 됩니다. 부모가 믿고 기다려 줬다는 안정감이
힘이 되어 자신감으로 자리 잡았기 때문입니다.

한편, 'ㅇㅇ을 해라', 'ㅇㅇ는 하면 안 된다' 등 부모가 시키는 대로
행동해 온 아이는 그 즉시는 부모의 말을 잘 따릅니다. 하지만 상황
이 달라지면 행동도 달라져야 한다는 것을 모르고, 부모가 가르쳐준
행동만 반복합니다. 스스로 깨닫고 행동한 경험이 부족하다 보니,
예기치 못한 상황에 놓이면 당황하게 됩니다. 다양한 상황에 유연
하게 대처하고 능숙하게 사고를 전환할 수 있는 응용력을 키우려면,
아이 스스로 깨닫도록 아이의 속도를 기다려줘야 합니다.

문제 행동   부모가 일방적으로 아이의 '종료 시간'을 결정하지 않는다

부모의 행동 NO!

부모의 행동 OK!

POINT!

아이에게는 시간 내에 먹는 것보다 '맛있게 먹는 것'이 중요하다

아이에게는 아이 나름의 속도가 있습니다. 시간이 허락하는 한, 기다려 주십시오.

기다림을 받아본 아이는

충분히 기다리는 법도 터득한다

기다려주는 부모의 자녀는 '기다릴 줄 아는 아이'로 성장합니다. '기다릴 줄 아는 사람은 마음이 넓고, 용서할 줄 아는 성품'을 지녔습니다. 이러한 성품은 성인이 되어서도 매우 중요합니다. '저 사람, 용서할 수 없어'라며 화를 잘 내고 불평이 많은 사람은 성공을 향해 앞으로 나아갈 수 없습니다.

저는 직업상 수많은 기업가를 만나 왔습니다. 대부분 사회·경제적으로 성공을 거두었고, 인망이 두터우며 매력적인 분들이었습니다. '온화하고 용서할 줄 아는 관대한 마음을 소유하고 있으며, 부정적인 감정을 빠르게 전환한다'는 공통점이 있었습니다.

부모가 아이를 '기다릴 줄 아는 사람으로 키운다'는 것은 너그러운 마음을 가지게 해주는 것과 같습니다. 그 노력이 아이를 많은 사람에게 사랑받는 매력적인 어른으로 성장하게 만들어 줄 것입니다.

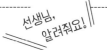
선생님, 알려줘요!

이럴 때는 어떻게 해야 할까요?

저희 아이는 유독 낯가림이 심합니다. 아빠가 놀아주려고 다가가도 "아빠 싫어! 저리 가!"라며 거부합니다. 다른 사람들과도 잘 지내게 할 수 있는 방법이 없을까요?

(38개월 여아)

\\ Answer // **아빠와 아이만의 특별한 시간을 가진다**

엄마 외의 다른 사람을 받아들일 수 있도록, 먼저 아빠와 아이만의 시간을 가지게 해 주는 것이 좋습니다. 아빠만 해 줄 수 있는 놀이가 많습니다. 예를 들면 말타기, 목말 태워주기, 비행기 놀이, 공놀이 등 엄마의 놀이와 다른 즐거움을 경험하게 해 줍니다. 아빠에게 익숙해지면 점차 다른 사람들과도 어울리도록 관계를 확장해 줍시다.

아이가 만족할 때까지 하게 한다

앞에서도 말씀드렸지만, 무엇이든 아이가 만족할 때까지 허용해 주는 것이 중요합니다. 완전히 만족한 아이는 마음이 안정됩니다.

예를 들어 공원이나 놀이터에서 놀다 보면, 아이가 "지금 집에 가기 싫어! 더 놀고 싶어!"라고 말할 때가 있지요. 놀이가 능력 발달로 이어진다는 것을 알고 나서는 가능한 아이의 요구를 허용해 주고 싶지만, 엄마 아빠에게도 집안일, 업무 등 사정이 있습니다. 그럼 기다리기 짜증 나고, 결국 억지로 아이의 손을 끌고 귀가하게 되지요. 하지만 그 끝은 부모와 아이 모두 기분이 좋지 않습니다.

아이가 완전히 만족하기 전에 놀이를 강제로 끝내면 아이 마음에 불만이 남게 됩니다.

물론 아이가 만족할 때까지 끝까지 함께 할 수 있으면 좋겠지만, 시간 여유가 없을 때는 바깥 놀이에 나서기 전에 아이와 미리 협의하여 귀가 시간을 정하는 '규칙'을 만드는 것이 필요합니다.

문제 행동 ‘강제 종료’는 역효과를 낸다!

 부모의 행동 NO!

 부모의 행동 OK!

POINT!

부모가 조급해하면 아이도 초조해진다

‘빨리 가야 해!’처럼 부모가 아이를 기다리지 못하고 조바심을 내면, 아이도 초조해지고 불안합니다. 아이와 돌아갈 시간을 미리 의논하도록 합시다.

'규칙'이 허용하는 범위에서

아이가 마음껏 놀게 한다

아이가 만족할 때까지 마음껏 하게 허용해 주는 것이 중요하지만, 부모도 해야 할 일이 있으니 마냥 허용해 주기는 어렵지요. 그럼, 허용할 수 있는 선, '규칙'을 미리 정해 두는 것이 좋습니다.

구체적으로는 "시계 긴 바늘이 12에 오면 끝내도록 하자."와 같이 이야기해 줍니다. 그럼 시계를 볼 줄 모르는 아이도 이해할 수 있습니다.

미리 약속해 두면, 때가 되었을 때 아이도 납득하고 엄마 아빠도 스트레스가 쌓이지 않습니다.

아이가 충분히 만족한 후에는 스스로 놀이 종료를 결정할 수 있습니다.

아이의 요구에 부응하는 것은 시간이 오래 걸리고, 심리적으로도 힘들 수 있습니다. 하지만 아이가 만족할 때까지 허용해 주면, 이후의 육아는 훨씬 수월해집니다.

이럴 때는 어떻게 해야 할까요?

딸은 항상 제 눈치를 봅니다. 제가 화가 났다고 느끼면, 아이가 먼저 제품으로 안겨듭니다. 불합리하게 화를 내는 것도 아닌데, 이럴 땐 아이에게 어떻게 해줘야 할까요?

(32개월 여아)

\\ Answer // **아이에게 엄마의 마음을 말로 전한다**

사람의 감정을 읽을 줄 아는 감수성이 예민한 아이네요. 지금 엄마의 마음이 어떤지, 왜 화가 났는지, 아이가 어떻게 하면 좋겠는지 구체적으로 이야기해 주세요. 그래야 아이도 안심하게 됩니다. 아이는 엄마를 통해 자신의 감정을 말로 표현하는 방법을 배우며, 타인을 이해하고 소통할 줄 알게 됩니다. 그렇게 아이는 인간관계가 원만하고 너그러운 인격을 소유한 멋진 어른으로 성장하게 될 것입니다.

아이가 스스로 해결하게 한다

몬테소리 자립 교육의 기본자세는 '지켜본다'입니다. 아이가 해결할 수 있는 일은 스스로 해결할 때까지 지켜봅니다.

아이들끼리 놀다가 장난감 쟁탈전을 벌일 때가 있습니다. 큰아이가 놀고 있는 장난감을 작은아이가 가지려고 하면, 대부분의 부모는 큰 아이에게 "동생한테 양보해 줘."라며 반강제적으로 빼앗아 주려고 합니다. 그러면 큰아이도 화가 나고 울음이 터져서 결과적으로 일이 더 꼬이게 되지요.

유치원 현장에서도 또래 간에 장난감 쟁탈전이 자주 발생합니다. 그럴 때 저는 담임 교사에게 "개입하지 말고, 일단은 아이들을 지켜봐 주세요."라고 말합니다. 결과는 어떨까요?

장난감을 빼앗은 아이는 잠깐은 기분 좋게 놉니다. 하지만 빼앗긴 아이가 계속 울고 있는 것을 보면 기분이 어색해집니다. 잠시 후에 장난감을 빼앗았던 아이가 우는 아이에게 양보해 줍니다. 그리고는 두 아이가 마치 아무 일도 없었다는 듯이 함께 노는 것으로 마무리 됩니다.

문제 행동 '아이들끼리 해결할 기회'를 주자!

부모의 행동 NO!

부모의 행동 OK!

부모는 안전을 확인한 후, 가만히 지켜본다!
아이들의 싸움에 간섭하지 말고 지켜보기만 합니다. 싸움으로 인해 다치지 않도록 안전에만 주의를 기울여주시면 됩니다.

어린 아이라도 '문제를

해결할 힘'을 가지고 있다

어린아이들도 스스로 생각하고 문제를 해결할 능력을 갖추고 있습니다. 장난감 쟁탈전을 예로 들면, 장난감을 빼앗은 아이는 빼앗겨서 울고 있는 아이 앞에서 노는 것이 즐겁지 않음을 깨닫고, 결국 양보해 줍니다. 이렇게 아이들은 경험을 통해 배우고 성장합니다.

싸움과 갈등의 기회를 통해 아이들은 갈등, 후회, 상대방의 감정에 대해 생각하는 경험을 거듭하면서 성장합니다. 이는 원만한 대인 관계를 구축하는 데 도움이 됩니다.

반면, 갈등을 스스로 해결해본 경험이 부족한 아이는 문제 해결 능력을 체득하지 못하고, 어른이 되어서도 문제나 갈등에 대한 대처가 미숙할 수밖에 없습니다.

이럴 때는 어떻게 해야 할까요?

큰아이가 작은아이를 귀찮아하고 '저리 가!'라며 밀어내고 때리기도 합니다. 큰아이와 대화를 나눠보고 지켜봤는데도 좀처럼 개선되지 않습니다.

(만 3세 남아, 10개월 여아)

＼＼ Answer ／／ 아이 컨택은 만능 '사랑의 묘약'

사람들은 마음이 불만족스러울 때 비정상적인 행동을 합니다. 큰아이와 단둘이 보내는 시간을 가지고, 충분히 안아줘도 아이의 태도가 개선되지 않는다면, 진심으로 사랑받는다고 느낄 수 있도록 무엇을 더 해줄 수 있는지 생각해 봅시다. '멀리서도 엄마는 항상 널 바라보고 있어'라는 마음이 전달될 수 있도록 아이 컨택을 해주면 아이는 행복감을 느끼게 됩니다.

아이의 실수를 정정하지 않는다

아이는 실패를 통해 배우고 성장합니다. 몬테소리 교육에서는 장난감이나 교구를 가지고 놀던 아이가 실수하더라도 지적하거나 시정을 권하지 않습니다. '해냈다'는 사실만 인정해 줍니다.

어른은 아이의 실수를 바로 잡아 주고 싶은 마음에 무심코 "그게 아니야, 이렇게 해야지."라며 간섭하곤 합니다. 그러한 간섭은 아이의 자존심을 상하게 하는 역효과를 냅니다.

일을 제대로 하는 것보다, 실패에서 원인과 해결 방법을 스스로 생각하는 것이 더 중요합니다.

아이들은 실수를 깨닫는 순간 배웁니다. 아이 스스로 깨닫지 못하면, 다른 사람들이 아무리 지적해도 본인은 실수라고 생각하지 않습니다. 그럼 같은 실수를 반복하게 됩니다. 본인의 실수를 깨달은 아이는 스스로 다시 시작하거나 어른에게 방법을 질문하는 등 해결 방법을 모색합니다. 이 과정을 거치면서 성공을 위해 필요한 것이 무엇인지 배우고, 자신감을 키우게 됩니다.

실수해도 괜찮다! 기다려 주자!

아이의 자존심을 지켜주자!
아이는 할 수 있다고 생각했기 때문에, 실수를 지적받는 순간 자존심이 확 상합니다. 어느 부분에서 실수했는지 아이 스스로 깨닫는 것이 중요합니다.

실수를 깨닫고 시험과 오류를

반복하면, 자신감이 생긴다!

어른들은 '아이가 잘못된 정보를 기억하면 안 된다', '아이를 부끄럽게 만들고 싶지 않다'고 생각하기 쉽습니다. 아이의 실수를 정정하고 싶은 마음을 일단 접어 두고, '해냈네!'라며 사실을 인정해주기만 해도 충분합니다. 부정적인 '아니야'가 아닌, 긍정적인 '해냈다'로 인정해 주는 것입니다.

어른으로부터 방법을 듣고 잘하는 것 보다, 아이 스스로 실수를 깨닫고 어떻게 하면 좋을지 방법을 모색하는 사고의 힘을 키우는 것이 더 중요하기 때문입니다.

아이가 이상함과 다름을 눈치챘을 때, 어색함과 부끄러움을 느꼈을 때, 어떻게 해야 할지 어른에게 물어볼 것입니다. 이렇게 시험과 오류를 반복한 아이는 스스로 생각하고 자주적으로 행동할 수 있으며, 문제해결 능력을 습득하게 됩니다. 그것이 곧 자신감으로 이어집니다.

선생님, 알려줘요!

이럴 때는 어떻게 해야 할까요?

딸아이가 거짓말을 하기 시작했어요. 외출할 때 "신발 신었니?", "잠바 입었어?"라고 물으면 "다 했어!"라고 대답하는데 가서 보면 전혀 하지 않았더라고요. 어떻게 하면 거짓말을 안 하게 할 수 있을까요?

(만 3세 여아)

＼ Answer ∥ 아이의 기분이 좋아지는 말을 선택한다

사람들은 지시나 명령을 싫어하고 거부합니다. 대꾸하기 싫어서 '했다, 다됐다'는 말로 대충 넘기는 거짓말을 하는 것이지요. "전에 혼자서 구두 신었지? 오늘은 어떨까?", "혼자 바지 입었네?" 등의 말로 동기부여 해 주세요. 아이의 기분을 좋게 해주는 말을 선택합시다. 그럼 아이도 점점 거짓말을 할 필요가 없어집니다.

아이와 즐거움을 공유한다

요즘 엄마 아빠들은 자녀를 위해 정말 열심히 노력하지요. 자녀 교육에 효과적인 정보를 수집하고 매일 아이와 실천합니다. 아이와 노는 것도 중요함을 알기에 바쁘고 피곤해도 시간을 할애해 열심히 놀아줍니다.

아이를 위해서 열심히 실천하고, 교육에 열성을 다하는 엄마 아빠들의 모습을 보고 있노라면 정말 대단하다고 감탄하곤 합니다. 다만 아이 교육에 너무 진지한 나머지 의무감에 지칠 때도 적지 않은 것 같아 걱정되기도 합니다.

'오늘은 여기까지 교재를 끝내야 해!', '오늘은 바깥 놀이도 해야 하는데'처럼 아이 교육과 놀이에 쫓기듯이 휘둘리면 하나도 즐겁지 않습니다. 엄마 아빠의 짜증은 아무리 감추려고 애써도 반드시 아이에게 전달됩니다.

아이들은 상상 이상으로 부모의 감정 동요에 민감합니다.

아이를 대할 때는 '부모도 함께 즐기는 마음'이어야 한다는 것을 잊지 마세요.

문제 행동 '아이를 위한 것'이 짜증의 원인이 된다?

POINT!

아이는 웃는 엄마 아빠가 좋다!

엄마 아빠가 짜증을 내고 있으면, 아이는 눈치를 보게 됩니다. 엄마 아빠가 웃어야 아이도 즐겁습니다.

피곤하고 여유가 없을 때는

의무감으로
아이를 대하면
안 된다.

도시락 OK

외식 OK

때때로 집안일을
제쳐두고서라도
아이와 끝까지
재미있게
놀아보자♪

엄마 아빠의
'즐거운' 기분은
아이에게도
전달된다!

집안일을 과감히 건너뛰자!

정신적으로 여유가 없고 피곤할 때는 하루 정도 게으름을 피워 봅시다.

'잠이 부족하니 집안일은 건너뛰고 아이와 낮잠 잘래', '피곤하니까 오늘은 그냥 외식하자'와 같은 날이 있어도 괜찮습니다. 죄책감을 느낄 필요가 전혀 없습니다! 무엇보다도 아이와 함께 진심으로 즐거운 시간을 보내는 것이 훨씬 더 중요합니다.

의무감으로 아이를 대하지 말고, '뭘 하며 즐겁게 놀까?'라는 관점으로 장난스럽고 유쾌하게 아이를 대하는 것이 최고입니다.

예를 들면, 일상용품으로 아이와 장난감을 만들거나, 아이와 함께 동화 속 주인공이 되어 실감 나게 책을 읽는 등, 부모가 장난스럽게 아이와 상호 작용하면 아이는 즐거움과 흥분이 고조되고 일상이 흥미진진해집니다.

이럴 때는 어떻게 해야 할까요?

작은아이는 유독 손이 많이 갑니다. 아이의 마음도 잘 모르겠어요. 큰아이 때는 이렇게 고생하지 않았는데 작은아이는 이유식도 거부하고, 안아 줘야 자고, 집안에서만 놀려 하고 바깥 놀이에는 관심도 없습니다.

(만 4세 여아, 10개월 남아)

  계속 아기 취급하면 안 된다

보통 작은아이들은 자기가 계속 아기라고 생각하는 경향이 있습니다. 하지만 아이는 나날이 성장하고 있으므로 발달에 맞게 대처해야 합니다. '이유식 거부'→'우유 줄이기', '안아야 자기'→'울어도 이불로 토닥토닥하기' 습관을 들입니다. 바깥 놀이를 거부하는 이유는 관심이 가는 놀잇감이 없기 때문일 수 있습니다. 발달에 맞춰 서서히 대응 방법을 바꾸고, 아기 때보다 약간 수준 높은 놀이를 제공해 주세요.

아이가 자연과 교감하게 한다

요즘 도시에 사는 아이들은 의도적으로 찾지 않으면, 자연과 접촉할 기회가 극단적으로 적어졌습니다.

도시에서 태어나 도시에서만 산 아이는 토막으로 손질된 생선만 접해 봤기 때문에, 진짜 물고기를 상상하기 어렵고, 과일도 접시에 잘려 나온 것만 봐서 실제 과일들은 제각기 다른 형태로 열리는지 모릅니다.

물론, 성장하면서 배우게 되겠지만, 어릴 때 자연스럽게 접촉해본 생활을 하지 않으면 아이의 능력이 충분히 향상되지 못합니다.

집 밖으로 나가 자연을 접하면, 집 안에서는 절대 체험할 수 없는 다양한 자극과 발견을 경험할 수 있습니다. 바람 소리와 냄새, 잎사귀가 흔들리는 소리, 꽃향기, 흙의 감촉, 벌레 소리, 나무와 꽃의 다채로운 색채 등 열거하자면 끝도 없지요!

아이가 자연과 교감할수록 뇌에 자극이 되고, 마음도 풍요로워집니다.

문제 행동 **자연과의 접촉은 많은 자극을 준다!**

부모의 행동 NO!	부모의 행동 OK!

 POINT!

간접적인 놀이는 부족하다

TV, 스마트폰, 게임은 매우 자극적입니다. 하지만 뇌를 자극하여 풍요로운 마음을 키우는 데는 효과가 없습니다.

자연 속 놀이는 '발견, 놀라움,

자극' 이라는 보물찾기 모험이다!

자연을 좋아하는 아이는 감수성이 풍부하고 다른 사람의 감정을 잘 알아 차리는 능력이 있습니다.

발견과 자극이 많은 환경에 있으면, 플로우 상태에 들어가기 쉬워집니다. 어른도 여행지에서 감동적이고 마음이 편안해지는 풍경을 만나면, 마음이 이끌리고 일상에서는 경험하지 못했던 다양한 상상과 아이디어, 영감이 떠 오르곤 합니다.

계속 집에만 있으면, 자극을 받지 못하고 플로우 상태에 들어갈 기회도 줄어듭니다. 요즘 아이들은 '모래나 진흙 놀이는 비위생적이다', '벌레에 물 릴 수도 있다', '상처가 날 수도 있다' 등의 이유로 자연과 접촉하는 것을 과 도하게 제한받고 있습니다. 물론 위험한 것은 피해야겠지만, 안전을 확보했 다면, 자연스럽게 만지는 것을 많이 즐겨 보세요.

이럴 때는 어떻게 해야 할까요?

아이가 편식이 심합니다. 매번 먹던 것만 먹으려 하고, 새로운 음식 은 무조건 거부합니다. 토마토와 옥수수를 제외하고 채소는 먹지 않 아요. 밥도 김 가루에 비벼줘야 먹고, 요구르트만 달라고 조릅니다. 다양한 음식 재료들을 먹게 하려면 어떻게 하면 좋을까요?.

(26개월 남아)

\\ Answer // **아이의 미각이 어른보다 섬세할 수 있다**

섬세한 아이일수록 모양과 냄새, 식감에 민감하지요. 처음 보는 음식 재료에 거부감이 있는 것 같으면 삶거나 갈아서 수프 형태로 만들어 주거나, 아이가 잘 먹는 재료에 조금씩 섞어 주어도 좋습니다. 신기하게도 아이들은 텃밭에 서 함께 기른 채소는 곧잘 먹습니다. 또한 장을 볼 때, 신선한 채소를 아이와 함께 고르고 맛을 보여주는 방법도 좋습니다.

제 **5** 장

연령별로 알아보는
만 0~6세의 교육 방법

'이건 뭐지···!?' 호기심이 왕성한 시기

키워드 ▶ **탐구심**

만 0세의 고민··· 💧

○ 대부분 잠자는 시간이 길다.
○ 의사소통이 어렵다.
○ 발달과 성장이 아이마다 다르다.
○ 우는 이유를 알 수가 없다.

이 시기, 특히 성장하는 능력은?

신체운동 **+** 감각

누워있던 아기가 뒤집기, 배밀이, 네발 기기, 붙잡고 서기까지 '신체운동' 능력이 놀라운 속도로 발달합니다. 시각, 후각, 청각, 미각, 촉각 등 오감을 총동원하여 정보를 습득하는 '감각'이 성장하는 시기입니다.

만 0세의 능력

○ 원시 반사(파악 반사)로 손바닥에 닿은 물건을 꽉 잡을 수 있다.

○ 엄마 아빠의 목소리를 들을 수 있다.

○ 출생 직후에는 시야가 흐릿하여 흰색, 검은색, 선명한 색을 좋아하지만, 점차 정상적인 시력으로 발달한다.

○ 3개월경부터 목을 가누고, 5~6개월쯤에는 척추가 발달하여 허리를 뒤로 젖히는 비행기 자세가 가능해진다.

○ 다리 힘이 발달하고, 빠른 아이는 6개월이 지날 무렵 배밀이를 시작한다.

 신생아라도 엄마 아빠의 이야기를 들을 수 있고 서로 소통할 수 있어요!

엄마 아빠의 실천법

① 다양한 사람 및 사물과 상호작용을 시도한다

오감으로 많은 정보를 흡수하려고 전신을 사용하는 시기입니다. 이 시기에는 집안에서 보내는 시간이 많습니다. 기저귀를 갈아줄 때, 눈을 맞추고 온몸을 부드럽게 마사지하며 "기분이 좋아요?"라고 말해 주세요. 여러 촉감을 충분히 접하게 해 주는 것도 효과적입니다. 만 0세 후반이 되면 낯가림이 시작되므로 그 전에 가능한 한 엄마 아빠 이외의 사람들과 교류할 기회를 만들어 주세요. 그러면 사람에 대한 공포감이 사라지고, 사교적이고 원만한 인간관계를 형성할 수 있게 됩니다.

② 아기의 도전을 지켜봐 준다

'아기라서 아무것도 모른다', '의사소통이 안 된다'고 생각하면 큰 오산입니다. 엄마 아빠의 목소리를 구별하는 것은 물론이고, 이야기도 들을 수 있습니다. 이 시기에는 무조건 말을 많이 걸어주는 것이 중요합니다. "오늘은 날씨가 참 좋으니까 공원에 산책하러 가자.", "바람이 살랑살랑 얼굴에 닿으니까 기분이 너무 좋다. 그렇지?"라며 실황 중계하듯 말을 걸어 주세요. 일방적인 소통처럼 보여도, 부모가 다양한 표현으로 끊임없이 말을 걸고 이야기를 많이 인풋 해준 아이는 언어가 아웃풋 되는 속도도 그만큼 빨라집니다.

아기가 말을 하진 못해도, 시각적인 신호는 보낼 수 있습니다. 그 신호를 놓치지 마세요!

만 1세

'됐다! 해냈다!'의 연속이 즐거운 시기

키워드 ▶ **자기 결정**

만 1세의 고민… 💧

○ 언어 표현이 미숙하여, 울거나 떼를 쓴다.
○ 아이가 하는 말의 의미가 정확히 전달되지 않는다.
○ 걸음마를 시작하면서 아이에게서 눈을 뗄 수가 없다.
○ 자기주장이 강해진다.

이 시기, 특히 성장하는 능력은?

⬇

자기성찰 + 신체운동 + 논리수학

자기 의지로 결정하고 행동하기 시작합니다. 자립의 출발선에 선 것이지요. 신체 기능 중 손재주로 연결되는 손가락 교치성이 현저하게 발달합니다. 숫자를 거의 다루지 않지만, '하나 주세요'와 같은 소통을 통해 '1'의 개념을 알 수 있게 됩니다.

만 1세의 능력

○ 서서 걸을 수 있게 되고 척추 근육이 튼튼해진다.
○ '엄마', '멍멍' 등 의미 있는 단어를 말하기 시작한다.
○ 만 1세 후반이 되면, '아니야!'라는 말로 자기주장을 한다.
○ 엄지, 검지, 중지로 물건을 집는 것이 가능하다(숟가락 사용 가능).
○ '됐다, 해냈다!'는 상황이 많아지면서 할 수 있는 활동이 늘어나고 자신감이
  생긴다.

 머릿속으로 상상하고, 이미지 세계를 재생하며 놀 수 있습니다!

① 아이가 체험할 수 있는 환경을 만들어 준다

공을 던지는 큰 동작부터 작은 종이를 접어 주름을 만드는 세세한 동작까지 할 수 있는 활동이 많아집니다. 따라서 아이가 다양한 체험을 할 수 있는 환경을 마련해 줘야 합니다. 환경을 제공하는 것으로 끝내지 말고, 부모가 즐겁게 노는 모습을 '직접 보여 주는 것'이 중요합니다. '가르쳐준다'는 마음으로 임하면 아이를 민감하게 살피지 못합니다.

② 아이의 감정을 읽고, 언어로 대변해 준다

상상의 세계에 빠져 노는 시간이 늘어납니다. 언어 표현이 아직 미숙한 시기이므로 엄마 아빠가 말로 공감하고 대변해 주면, 아이는 '엄마 아빠는 내 마음을 이해해 주네!'라고 생각합니다. 예를 들어, 그림을 그리고 있는 아이에게 "혹시, 그거 ○○인가요?"라고 묻거나, 수건을 가지고 노는 아이에게 "지금, 하늘을 날고 있나요?"라며 말을 걸어 보세요. 부모가 알아맞히면 아이는 깜짝 놀라는 표정을 짓습니다. 단, 아이가 활동에 몰입해 있다면, 상상의 세계를 방해하지 않도록 주의합시다.

이 시기에는 아이의 감정을 헤아리는 연습을 하고 있다는 생각으로 아이를 대해 주세요.

부모의 행동 NO! 부모의 행동 OK!

'내가 직접 해 볼래!', '하고 싶다!'의 시기

키워드 ▶ 의욕 충만

만 2세의 고민… 💧

○ '아니야, 아니야'가 부쩍 많아지는 시기, 자기주장이 매우 강하다

○ 활발히 움직이는 시기로 눈을 뗄 수가 없다.

○ 짜증을 자주 낸다.

○ 친구의 장난감을 빼앗아 가지고 논다.

이 시기, 특히 성장하는 능력은?

자기성찰

'자기성찰' 지능이 현저하게 발달하는 시기입니다. 자아가 각성하면서 '내가!'라는 자기주장을 하기 시작합니다. 이 시기를 충실히 잘 보내면, 자기 관리를 잘하고 자신감이 충만한 아이로 성장하게 됩니다.

정말 대단해!

만 2세의 능력

○ '멍멍 온다'처럼 두 단어로 이루어진 문장을 구사한다.
○ 원하는 방향으로 공을 던질 수 있다.
○ 다른 사람의 활동을 관찰하고 따라 할 수 있다.
○ 걷기, 달리기, 뜀뛰기 등 운동 능력이 향상된다.
○ 눈과 발의 협응력이 발달하여 계단을 천천히 내려갈 수 있다.

이것도
놀라워!

본 것을 기억하는 시기입니다. 무엇이든 모방하고 기억하는 능력이 대단하지요!

엄마 아빠의 실천법

① '하고 싶다!'를 경험하게 할 방법을 구상한다

아이가 하고 싶었던 것을 경험하게 하면, '아니! 아니!' 시기는 금방 끝납니다. 예를 들어, 아이가 콘센트 구멍에 막대기나 젓가락을 넣으려고 하는 모습을 봤다면, 정말 가슴이 철렁하지요. 그렇다고 버럭 화부터 내지 말고, 행동 이면에 '구멍에 뭔가 넣어보고 싶다'는 마음이 있음을 알아차리고 안전하게 해 볼 수 있는 다른 방법을 제안해 줘야 합니다. 화가 나서 행동을 제지하는 데 그치면, 아이는 두 번 다시 그 능력을 펼칠 수 없게 됩니다. '하고 싶다!'는 아이 마음을 소중히 여기고 경험하게 하면, 창조와 도전에 겁내지 않고 의욕적으로 임하는 자신감 있는 어른으로 성장할 것입니다.

② 아이가 사용할 수 있는 도구로 성공 경험을 느끼게 한다!

'하고 싶다!'는 마음을 성공 경험으로 이어가도록, '아이가 할 수 있는 도구'를 준비해 줍시다. 주전자에서 물을 따르고 싶어 한다면 아이가 들기 좋은 크기와 무게의 주전자를 준비해 줍니다. 엄마 아빠가 걱정하지 않아도 될 영역을 지정하는 것이 요령입니다. 물을 가지고 놀고 싶어 하면 "거실은 치우기 힘드니까, 욕실에서 하자."라고 정해주면 됩니다. 아이에게도 부모의 사정과 감정을 전달합시다. 단, 그 전에 아이와 충분히 공감하고, 신뢰 관계를 쌓아야 합니다.

아이의 감정도 중요하지만, 먼저 엄마 아빠의 기분이 좋아야 합니다!

부모의 행동 NO!

부모의 행동 OK!

'끝까지 해내고 싶다!' 충실감과 만족감을 원하는 시기

키워드 ▶ **성취감**

만 3세의 고민… 💧

○ 형제자매, 친구와 놀다가 싸운다.
○ '왜?' '어째서?' 질문 공세가 계속된다.
○ 규칙과 약속을 어긴다.
○ 부모 말을 잘 안 듣고 반항한다.

이 시기, 특히 성장하는 능력은?

신체운동 ➕ 언어 ➕ 공간

달리기, 뜀뛰기 등 자유자재로 신체를 사용하는 운동 능력이 향상합니다. 언어 능력이 발달하여 말하기를 좋아합니다. 자유롭게 그림을 그리는 등 스스로 발상하고 표현하는 창작 능력도 발달합니다.

만 3세의 능력

○ 세 단어 이상으로 이루어진 문장을 구사한다.
○ 양손으로 체중을 지탱할 수 있다. 토끼 뜀뛰기가 가능하다.
○ 젓가락을 사용할 수 있다.
○ 가위를 사용하여 상자를 개봉할 수 있다.
○ 상자를 역할 놀이에 활용하는 창의력을 발휘한다.
○ 주스나 물 등의 액체를 흘리지 않고 따를 수 있다.

스스로 생각하고 선택할 수 있습니다. '해냈다!'고 만족하면 스스로 활동 종료 시점을 결정할 수 있어요!

엄마 아빠의 실천법

 성취감을 느끼게 지원하되 '규칙'을 정한다

끝까지 해내고 싶은 욕구가 강하고 집중력도 높아져 한 가지 놀이에 몰입하는 시간도 길어집니다. 부모가 억지로 놀이를 중단하면 아이의 도전 의지가 상실되므로 아이가 원하는 만큼 마음껏 놀게 해 줘야 합니다. 단, 가지고 놀아도 되는 도구와 시간을 아이와 상의하여 미리 '규칙'으로 정하는 것도 중요합니다. 약속된 규칙 안에서 마음껏 놀면 진심으로 만족하고 스스로 놀이 종료 시점을 결정할 수 있습니다. 그것이 다음에 새로운 도전을 이어가는 힘이 됩니다.

 엄마 아빠의 감정을 이야기해 준다

'역할 놀이'와 '소꿉놀이'를 즐기면서, 상상력이 비약적으로 발달합니다. 엄마 아빠가 다양한 정보와 많은 경험을 제공해 주면, 상상력과 발상력이 더욱 향상됩니다. 그림책 읽기, 자연과 교감하기 등의 활동을 추천합니다. 또한, 부모의 감정을 말로 자주 표현합시다. "아빠는 ○○가 잘 먹으니까 기뻐", "엄마가 지금 피곤하니까, 조금 쉬어도 될까?" 등 엄마 아빠의 솔직한 감정 표현을 듣고 아이의 언어 표현력도 향상됩니다.

'아이는 말해줘도 잘 모른다'고 생각하지 말고, 한 명의 인간으로 존중해 주세요!

만 4세

자기가 하고 싶은 일이라면 확실히 기다릴 수 있는 시기

키워드 ▸ **인내심**

만 4세의 고민… 💧

○ 친구와 함께 놀기보다 혼자 노는 것을 좋아한다.
○ 단체 행동에 미숙하고, 자기만의 속도를 고집하며
　 협조하지 않는다.
○ 옷을 갈아입는 데 도움이 필요하다.
○ 새로운 도전을 두려워한다.

이 시기, 특히 성장하는 능력은?

만 4세는 자아를 확립하는 단계입니다. 자아가 확립된 후에야 친구들과 교제할 수 있습니다. 또한, 음악 지능이 크게 발달하는 시기입니다. 리듬 악기를 사용할 수 있고, 음악으로 표현하는 데 흥미를 느낍니다.

정말 대단해!

만 4세의 능력

○ 앞구르기를 할 수 있고, 계단을 뛰어 내려갈 수 있다.
○ 리듬에 맞춰 춤출 수 있다.
○ 한 문장을 쓸 수 있다.
○ 100까지 셀 수 있다.
○ 한 발로 설 수 있고, 평균대를 빠르게 건너는 등 균형 감각이 발달한다.

이것도
놀라워!

도감을 보고 실물과 짝지을 수 있습니다.

만 4세 아이의 능력을 키워주는
엄마 아빠의 실천법

 1 **아이를 가장 잘 이해하는 존재가 되어준다**

구김살 없고 해맑은 아이일수록 유치원이나 어린이집에서 선생님을 난처하게 할 행동을 하거나 말썽을 일으키곤 합니다. 아이의 그런 행동에는 반드시 이유가 있습니다. 우선 아이를 믿고 "왜 그렇게 했어?"라고 꼭 물어보세요. 부모는 아이를 가장 잘 이해해 주는 존재여야 합니다. 이 점이 가장 중요합니다. 이해할만한 이유라면 아이가 직접 선생님께 설명하도록 독려합시다. 부모가 아이를 믿고 기다려 주면, 아이도 기다릴 줄 알게 됩니다.

 2 **성 역할에 대한 고정관념을 심어주지 않는다**

만 4세가 되면, 조금씩 성 정체성이 생깁니다. '남아는 밖에서 씩씩하게 놀고, 여아는 집안에서 얌전히 논다'와 같은 성 고정관념을 갖지 마십시오. 정적인 남아도 있고 활동적인 여아도 있습니다. 그림만 그리던 아이가 커서는 댄서가 된 경우도 있고, 운동을 좋아하던 아이가 커서는 작가가 되기도 합니다. 성격도 행동도 취향도 성장하면서 변하기 마련입니다. 아이가 의욕을 보이고 좋아하는 분야는 머지않아 잘하게 됩니다. 지금은 아이의 개성을 인정하고 다양한 경험을 할 수 있는 환경을 조성해 주세요.

아이를 향한 엄마 아빠의 믿음은 아이에게 반드시 전해집니다.

<table>
<tr><td align="center">부모의 행동 NO!</td><td align="center">부모의 행동 OK!</td></tr>
</table>

만 5세

상상력을 펼치며 노는 것을 좋아하는 시기

키워드 ▶ **창조성**

만 5세의 고민… 💧

○ 아이의 왕성한 활동력에 부모가 녹초가 된다.

○ 큰 소리로 난처한 말을 한다(저 아저씨 대머리네!).

○ 형제자매나 친구에게 심술을 부린다.

○ 안 되는 것이 있으면 화를 낸다.

○ 엄마에게 응석이 심해졌다.

이 시기, 특히 성장하는 능력은?

신체운동 ＋ 음악 ＋ 논리수학 ＋
공간 ＋ 자연친화 ＋ 감각 ＋
음악 ＋ 자기성찰 ＋ 인간친화

만 4세에 이어 '자아'를 확립해 가는 최종 단계입니다. 9가지 지능 모두 종합적으로 성장합니다. 아직은 호불호나 강약점이 혼란스러운 시기이므로, 무엇이든 아이가 원하는 활동을 하게 해주세요.

만 5세의 능력

○ 물구나무, 나무 타기, 그네 타기 등 속도와 재주가 필요한 동작을 할 수 있다.
○ 나비매듭을 묶을 수 있다.
○ 연필을 능숙하게 사용할 수 있다.
○ 자전거를 탈 수 있다.
○ 자기 나름대로 상상력을 발휘하고 점토나 찰흙으로 표현할 수 있다.

상상력을 펼쳐 놀이와 놀이를 연결하고 신나게 즐길 수 있습니다!

엄마 아빠의 실천법

① 아이의 상상력을 넓힐 수 있는 질문을 던진다

이 시기의 특징인, '상상력을 넓혀 사물을 발전시키는 능력'을 키우기 위해서 아이의 머릿속에서 이미지가 떠오르는 경험을 많이 제공해 줍시다. 예를 들면, 책을 읽어 주면서 "○○는 어떻게 생각해?", "다음에는 과연 어떻게 될까?" 등의 질문을 던지고 아이 의견을 들어봅니다. 가족들이 차례로 문장을 말하며 이야기를 만들어 가는 놀이도 추천합니다. 인풋과 동시에 아웃풋을 유도함으로써, 상상력은 물론이고 어휘력과 자신의 의견을 제시하는 능력도 키울 수 있습니다.

② 집안일을 돕게 한다

손재주가 좋아지는 시기이므로 집안일에 참여하도록 합니다. 집안일은 9가지 지능을 모두 향상하는 데 최적입니다. 예를 들어, 빨래 개기는 '공간 지능'을, 요리에 참여하는 것은 '인간친화 지능'과 더불어 계량이나 재료를 자르면서 '논리수학 지능'도 키울 수 있습니다. 게다가 냄새와 맛으로 '감각 지능'이 발달합니다. 청소는 '신체운동 지능'을 단련할 수 있지요. 엄마 아빠가 하는 방법을 세심하게 보여 주면서 가르쳐 줍시다. 모든 역할이 아이에게는 소중한 경험이 됩니다.

부모님이 시간적 여유가 있을 때만이라도 아이가 집안일에 참여하게 해 주세요.

만 6세 친구들과 함께 노는 게 즐거운 시기

만 6세

키워드 ▶ **협조성**

<hr/>

만 6세의 고민…

○ **버릇없이 굴고 핑계를 댄다.**
○ **청개구리처럼 행동하며 부모를 골탕 먹인다.**
○ **편식하고 호불호가 심하다.**
○ **동영상과 게임에 빠진다.**

이 시기, 특히 성장하는 능력은?

인간친화

'다른 사람과 함께하기'가 즐거운 시기입니다. 자아가 확립되면서 주변 사람에게 관심이 가며 친구와 함께 만들고 체험하고 성취하는 것을 즐깁니다. 의사소통 능력이 크게 발달합니다.

만 6세의 능력

- ○ 손재주가 점점 좋아진다(머리를 세 가닥으로 땋을 수 있는 아이도 있다).
- ○ 규칙을 지킬 수 있다.
- ○ 지식 욕구가 높아져서 자신이 좋아하는 것을 조사하고 암기할 수 있다.
- ○ 쌓기나무에서 보이지 않는 부분을 상상하고 사용된 쌓기나무 수를 맞힐 수 있다. 입체도형과 전개도를 연결할 수 있다.
- ○ 줄넘기, 두발자전거 등 운동 능력이 고도로 발달한다.

사회성이 발달하여 친구들과 갈등이 생겨도 스스로 해결해 냅니다!

엄마 아빠의 실천법

① 책과 영화를 통해 다른 사람의 감정을 헤아리는 능력을 키워준다

타인의 가치관과 생각을 헤아릴 줄 아는 능력을 키워주면, 원활한 인간관계를 구축할 수 있게 됩니다. 위인전이나 동화책, 영화를 보고 등장인물의 감정을 추측해 보는 활동으로 연결해 봅시다. 타인의 감정을 상상하고 헤아리는 습관을 들이면, 부모와 아이가 함께 "○○가 오늘 울었어, 어떤 기분이었을까?"와 같은 대화를 나누며 상대의 마음에 공감할 수 있게 됩니다.

② 이타적인 행동이 주는 기쁨을 맛보게 한다

이 시기에 '내 행동이 주변 사람들에게 기쁨을 주었다', '내가 한 일로 고맙다는 감사 인사를 받았다'는 경험을 많이 한 아이는 타인을 배려할 줄 알고 자기 긍정감이 높은 어른으로 성장합니다. 이웃과 함께 하는 지역 활동에 참여하기, 쓰레기 줍기 등의 작은 활동으로도 보람을 느낄 수 있습니다. 아이가 부끄러워 하거나 망설이면 부모가 적극적으로 이웃과 인사하고, 대화를 나누는 모습을 보여주세요. 아이는 부모님의 모습을 보고 배우게 됩니다.

가족 이외의 다양한 사람들과 교류할 기회를 만들어 주세요.

부모의 행동 NO!

부모의 행동 OK!

아이들의 미래가 찬란히 빛나길 바라며

저는 여러 유치원과 어린이집 교사 및 대표로 재직해 왔습니다. 원마다 아이를 가르치는 교육 방법은 모두 다릅니다. 하지만 제가 몬테소리 교육을 지향하는 유치원에서 교사로 근무한 첫날, 아이들이 스스로 활동을 선택하고, 눈을 반짝이며 활동에 집중하는 모습에 놀랐던 경험을 잊을 수 없습니다.

싸움이 발생해도 아이들끼리 서로 대화를 나누고, 스스로 문제를 해결해내는 모습을 보았을 때,

'환경과 어른들의 관계 방식이 이렇게 아이들을 자립시키는구나!'를 깨달았습니다.

몬테소리 교육법을 알고 나서, 제가 가르치는 아이들뿐만 아니라 3명의 자녀에게도 스스로 원하는 활동을 선택하여 집중할 수 있는 환경을 제공하고, 문제를 스스로 해결하도록 지도해 왔습니다. 비록 시행착오도 있었지만, 현장과 가정에서 아이들과 인연을 맺어 온 지 벌써 30년이 다 되었네요.

그 아이들 모두 의욕적으로 자신의 삶을 주도할 수 있을 만큼 성장하였습니다.

몬테소리 유치원에서 원장으로 재직했던 시절,

'보이는 능력만으로 아이의 지능을 알 수 있는 것이 아니다'를 깨달은 일이 있었습니다.

아이들이 가방과 옷을 챙기고 하원을 준비하는 시간에 매번 멍하게 있다가 선생님과 어머니로부터, '빨리해!'라는 재촉을 받는 남자아이가 있었습니다.

어느 날, 저는 어김없이 하원 준비를 하지 않고 멍하게 있는 아이에게 다가갔습니다.

"선생님, 쟤는 장난감을 빼앗겨서 울고 있어요. 장난감을 빼앗은 애는 '빌려달라고 말할 걸 그랬다'고 생각하고 있어요."라며 저에게 말해 주었습니다.

그 순간 저는 깨달았습니다.

'하원 준비를 하지 않은 이유가 다른 아이들을 관찰하고 있었기 때문이구나!'

이야기를 끝낸 아이는 충분히 만족했는지 평소에는 상상할 수 없었던 빠른 속도로 하원 준비를 마쳤습니다.

생각에 깊이 빠지면 손이 멈추기 마련입니다. 얼핏, 생각도 의욕도 없는 멍한 아이로 보일 수 있지만, 실제로는 매우 사려 깊고 철학적인 사고력을 소유한 아이였던 것이지요.

그날의 놀라운 발견은 제가 유아 교육과 심리학 관련 문헌을 열심히 조사하고, 아이들의 재능과 능력에 관해 탐구하도록 이끌었습니다. 그때 발견한 것이 하버드대학교 심리학 교수 하워드 가드너의 '다중지능 이론'이었습니다. 어른들을 곤란하게 하는 아이, 문제 행동을 하는 아이, 단체 활동에 참여하지 않고 멍하게 있는 아이, 그 어떤 아이라도 훌륭한 능력을 갖춘 존재임을 이해하고 '가시화' 해 준 사고방식은 현장과 정말 적합하다고 생각했습니다!

또한, 몬테소리 교육에서 중요하게 생각하는 '민감기' 이론을 토대로 감각 기능을 발달시키는 것이 중요하다고 생각했습니다. 그래서 가드너의 다중지능 이론에 감각 지능을 더해 '9가지 지능'으로 만들었습니다.
현장 교사들도 참여하여 '9가지 지능'을 연간 커리큘럼에 적용하고, 아이들의 재능을 찾아 늘려주는 접근법을 실천해 주었습니다.

어떤 변화가 있었을까요?

'저 아이는 왜 그럴까?', '이 아이는 문제가 있어'라고 단정했던 교사들의 평가가 달라졌습니다.

"실제로는 주의 깊고 신중한 아이라는 걸 알았어요!"(자기성찰 지능)

"물끄러미 친구들을 관찰하더라고요, 사람을 좋아해요."(인간친화 지능)

"유리구슬을 보고 눈을 반짝이더니 이쁘다며 좋아했어요!"(감각 지능)

이전에는 '문제가 있다'고 생각했던 아이들에 대한 사고방식이 180도 바뀐 것입니다.

이해와 인정을 받은 아이들은 자신감을 가지게 되었고, 주도적이며 적극적으로 행동하게 되었습니다.

그 모습을 보며 주변 어른들의 책임이 크다는 사실을 실감했지요.

모든 아이는 특별하고 훌륭한 능력을 가지고 있습니다.

저는 이 진실을 이해하게 해 줄 도구가 바로 '9가지 지능'이라고 확신하며, 이 책을 통해 전해 드리고 싶었습니다.

　9가지 지능에 관해 알고 나면, 여러분도 자녀에 대한 관점이 달라지고, 아이가 하는 모든 행동은 9가지 지능을 발달시키는 데 필요한 행동임을 깨닫게 될 것입니다.

　실제로 많은 부모님이 '육아에 대한 조급함이 줄어들었고, 기대감과 즐거움을 안고 아이를 지켜볼 수 있게 되었다'는 기쁨의 메일을 보내주셨습니다.

　9가지 지능을 바탕으로 아이의 마음을 바라보고, 지능을 늘려 주는 '실천법'을 시험해 보시길 바랍니다.

　우리 아이 모두,

　각자의 유일무이한 재능을 최대한으로 발휘하여 반짝반짝 빛날 수 있기를 바랍니다.

　　　　　　　　　　　　　　　　　　　　　　　이토 미카

뛰어난 집중력과 빛나는 개성을 소유한 행복한 아이로 키운다

몬테소리 자립 교육 X 하버드 식 두뇌계발(실천편)

초판 1쇄 발행 · 2022년 3월 31일

지은이 · 이토 미카
그린이 · 사이토 메구미
옮긴이 · 서희경
펴낸이 · 곽동현
디자인 · 정계수
펴낸곳 · 소보랩

출판등록 · 1988년 1월 20일 제2002-23호
주소 · 서울시 동작구 동작대로 1길 27 5층
전화번호 · (02)587-2966
팩스 · (02)587-2922
메일 · labsobo@gmail.com

ISBN 979-11-391-0077-8 13590